Les mots-clés de la géographie

Madeleine Michaux

Les mots-clés de la géographie

EYROLLES

Éditions Eyrolles
61, Bd Saint-Germain
75240 Paris Cedex 05
www.editions-eyrolles.com

Mise en pages : Istria
Illustrations : Asiatype

Sommaire

Introduction

Si l'on s'en tient à l'étymologie la géographie est « ce qu'on écrit (*graphie*) sur la Terre (*géo*) ». Définition vague qui engloberait aussi bien les descriptions géologiques précises que les récits de voyage ou les considérations philosophiques sur notre planète.

Le *Petit Robert* est plus précis : « Étude des phénomènes physiques, biologiques, humains, localisés à la surface du globe terrestre, et spécialement l'étude de leur répartition, des forces qui les gouvernent et de leurs relations réciproques. »

La géographie empiète sur les domaines d'autres sciences, « dures » comme la géologie ou la climatologie, ou « humaines » comme la sociologie, l'économie, la démographie ou l'histoire. Elle peut donc apparaître comme une sorte de fourre-tout parasitant d'autres sciences ou, au contraire, comme une science de synthèse capable d'organiser des connaissances multiples en fonction de ce qui fait sa spécificité : l'espace.

Pour les uns, tout ce qui s'inscrit dans un espace planétaire doit être objet d'étude géographique, depuis le déplacement des dunes du Sahara, jusqu'à l'extension des banlieues. Pour d'autres, la géographie ne doit s'intéresser qu'aux phénomènes spatiaux qui concernent, de près ou de loin, les populations : là où il n'y a personne pour observer ou subir ces phénomènes c'est aux autres sciences, comme la géologie ou la biologie, de s'impliquer.

On peut également considérer que la géographie a une vocation géopolitique, qu'elle a d'abord servi à faire la guerre, comme l'a écrit le géographe Yves Lacoste.

Les multiples aspects de la géographie ne rendent pas son étude facile. Instrumentalisée par des écoles de géographes antagonistes, mais aussi par les médias et les décideurs, la géographie doit d'abord s'appréhender à partir de son vocabulaire fondamental.

Nous vous proposons trois grandes entrées, qui vous permettront de vous repérer dans le vocabulaire de la géographie physique (première partie), dans celui de la géographie économique et humaine (deuxième partie), enfin dans les notions les plus actuelles, que la géographie se doit aussi d'aborder, comme les risques, ou l'immigration (troisième partie).

Vous ne trouverez ici qu'une première approche, volontairement très simplifiée, d'une science complexe, difficile, et en constante évolution. Elle vous aidera cependant à mieux comprendre le monde et à agir sur lui en toute connaissance de cause.

Se repérer en géographie physique

Pendant longtemps l'étude d'une région, d'un paysage ou d'un continent commençait par une description des aspects physiques, relief et climat. Ces divisions étaient déjà considérées comme artificielles, mais nécessaires, à condition d'être suivies par une description des liens étroits entre relief, climat, place et rôle des hommes dans cet espace d'interaction. Si désormais les géographes préfèrent mettre l'homme au centre de l'analyse géographique, ils n'en négligent pas pour autant les connaissances d'ordre physique indispensables à la description comme aux prises de décisions concernant tout espace de vie.

Catastrophes naturelles

Les catastrophes naturelles sont d'ordre géologique (volcanisme, séisme, tsunami) ou climatique (cyclones, tempêtes, inondations, sécheresse...) ; 100 000 personnes meurent chaque année, en moyenne, du fait de ces catastrophes. Au cours du XXe siècle, elles tuaient 650 000 personnes par an. Les progrès de la connaissance scientifique et de la prévention expliquent la réduction du nombre de morts, alors que la population planétaire est passée de 1 à 6 milliards. Cependant 75 % des victimes de catastrophes naturelles habitent dans les pays pauvres, 23 % dans les pays à revenus intermédiaires et seulement 2 % dans les pays riches. Les raisons de cet écart sont essentiellement économiques, les pays les plus pauvres n'ayant pas toujours les moyens nécessaires à la prévention, en général très coûteuse.

Cyclones et tempêtes

Les cyclones, qu'on appelle aussi suivant les régions typhons ou hurricanes, sont des tempêtes tropicales très violentes. Ils se forment au-delà de 5° de latitude de part et d'autre de l'équateur, au-dessus des eaux chaudes océaniques. Ils sont fréquents dans le golfe du Mexique et le long de la côte sud des États-Unis, au large du sud de la Californie, en Asie du Sud-Est (Japon, Philippines, sud de la Chine, golfe du Bengale) et dans l'océan Indien (Madagascar, La Réunion).

Chaque année, 120 dépressions tropicales se forment sur les océans à la fin de l'été et à l'automne, et sont susceptibles de se transformer en cyclones.

Les coûts matériels et humains des cyclones peuvent être considérables. En 1970, un cyclone a fait 300 000 victimes au Bangladesh, qui a ensuite perdu 140 000 de ses habitants lors du cyclone de 1991. Les États-Unis ont eu 1 200 morts lors d'un cyclone en 1999. Les dégâts ont alors été évalués à 700 millions de dollars. Mais bien pire fut le cyclone Katrina qui a ravagé le sud-est du pays à la fin du mois d'août 2005, faisant 1 500 victimes et provoquant 125 milliards de dollars de dégâts. Des centaines de milliers de personnes ont été déplacées, les industries pétrolières et chimiques, les ports, les réseaux routiers, électriques et de communication ont été détruits, des villes entières dévastées.

C'était un monstre météorologique !

Le 23 août 2005, Katrina naît au large des Bahamas : c'est un amas d'orages tropicaux de 400 km de large. Le 24 août, les vents dirigent Katrina vers la Floride. Le 25 août, le cyclone perd de sa vigueur, mais il repasse au-dessus du golfe du Mexique où les eaux de surface atteignent 28 °C. Katrina devient alors un « monstre météorologique ». Le 28 août, le cyclone est classé en catégorie 5, la pression descend jusqu'à 905 hectopascals, les vents soufflent à plus de 270 km/h, et son diamètre dépasse 1 000 km. Les vagues atteignent 10 m, il tombe plus de 300 mm de pluie en 24 heures. Le 29 août, Katrina faiblit en passant sur le continent, ce n'est plus qu'une tempête tropicale.

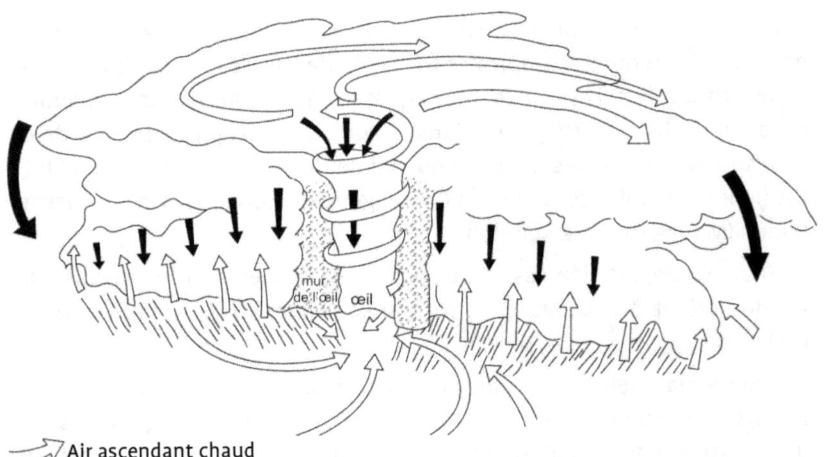

Air ascendant chaud

Air descendant sec entre les nuages

Le mur de l'œil est un anneau de nuages et de vents tournants à grande vitesse.
L'œil est une zone calme, de basse pression.

Coupe d'un cyclone

Les vagues scélérates

Difficiles à prévoir, bien que de mieux en mieux comprises, les vagues scélérates naissent de la conjonction de phénomènes complexes : tempêtes éloignées dont les vagues se croisent, hauts-fonds, vents violents, etc. Leur hauteur entre le creux et la crête peut atteindre plus de 30 m. Elles peuvent couler des navires. Elles sont relativement fréquentes au large du cap de Bonne-Espérance, en Afrique du Sud.

Si les régions tempérées ne connaissent pas les cyclones, les tempêtes peuvent y avoir des conséquences catastrophiques.

En décembre 1999, deux tempêtes ont parcouru la France, générées par deux dépressions : celle du 26 décembre atteignait 980 hectopascals (la pression moyenne est de 1 015 hectopascals), celle des 27 et 28 décembre descendait jusqu'à 965 hectopascals. Les vents soufflèrent entre 120 et 150 km/h dans la moitié sud de la France, à plus de 150 km/h sur la Bretagne et le Bassin parisien (172 km/h à Orly).

Soixante-neuf départements ont alors été déclarés en état de catastrophe naturelle, et 88 personnes sont mortes du fait de la tempête. En Charente-Maritime par exemple, il y a eu 15 morts, 60 blessés, 250 000 foyers privés d'électricité, 200 bateaux endommagés ou coulés, des forêts entières dévastées.

Si le coût humain et économique de telles tempêtes est très élevé, les conséquences sur la végétation sont loin d'être toujours négatives. On a constaté que le bois mort accumulé après la tempête avait permis le développement d'une biodiversité très utile. Les tempêtes n'ont donc pas que de mauvais effets.

Sécheresses et inondations

Sécheresses

Il ne faut pas confondre sécheresse et aridité. L'aridité caractérise des régions du monde dans lesquelles l'eau est rare. La végétation, la faune et les hommes se sont adaptés à ce type de milieu. La sécheresse survient lorsque, temporairement, la quantité d'eau reçue est très inférieure à la normale. Elle peut toucher des zones déjà semi-arides, qu'elle conduit à la désertification. Mais les sécheresses peuvent aussi atteindre les régions tempérées. Les climatologues parlent de déficit pluviométrique, les hydrologues constatent la baisse de niveau des nappes phréatiques, les agronomes mesurent le manque de réserves hydriques superficielles.

Nappes phréatiques : ce sont les eaux du sous-sol les plus proches de la surface du sol. Leur alimentation est étroitement soumise aux précipitations. Ce sont les nappes phréatiques qui affleurent dans les sources, ou les puits.

La France a connu, dans les trente dernières années, plusieurs types de sécheresses. Celle de 1976 a été très longue, de décembre 1975 à août 1976. Celles de 1985 et 1986, surtout sensibles dans la partie sud du pays, étaient des sécheresses de fin d'été. Celles de 1990 et 1993 étaient des sécheresses uniquement estivales, touchant de nombreuses régions. Celle de 2003 peut être considérée comme une sécheresse de printemps et d'été, elle a duré de mars à août. Dans ce dernier cas, le niveau des nappes phréatiques n'a pas été alarmant, mais l'agriculture a beaucoup souffert, et la canicule qui a terminé la période a eu des conséquences dramatiques.

Inondations

Les inondations peuvent résulter d'un raz-de-marée, d'une rupture de digue, de la crue d'une rivière, de la saturation des sols par des précipitations trop abondantes. Ainsi les inondations qui ont touché le département de la Somme au printemps 2001 étaient dues à des pluies exceptionnelles : les nappes phréatiques, saturées, se sont écoulées sur des zones étendues, et de nouvelles pluies, qui n'ont pu être absorbées, ont ruisselé, alimentant davantage encore l'inondation. Lors des grandes marées (22 avril 2001), la mer s'est élevée de 10 m au-dessus de son niveau habituel. Pour éviter qu'elle ne remonte dans le canal de la Somme et n'inonde encore plus les communes de la vallée, l'écluse a été fermée pendant quatre-vingt-dix minutes, ce qui a encore ralenti la décrue de la Somme.

Il y a des crues régulières et bienfaisantes, comme celles du Nil avant la construction du barrage d'Assouan. Mais beaucoup, relativement peu prévisibles et quelquefois brutales, ont des conséquences catastrophiques. Dans les régions tempérées, la plupart des fleuves et rivières ont une crue importante tous les dix ans, et une crue exceptionnelle tous les cent ans (les crues séculaires). Ce fut le cas à Paris en 1910, ou à Florence en 1966.

Un risque à prévoir

À Paris, si la crue de 1910 avait lieu maintenant, il y aurait 8 milliards d'euros de dégâts, 600 000 personnes seraient concernées, 130 000 entreprises touchées, 300 000 foyers menacés de coupures d'électricité, 100 000 foyers privés de téléphone, 15 hôpitaux menacés, 4 000 malades à déplacer.

Séismes et tsunamis

Séisme : c'est un tremblement de terre dont l'origine, le foyer, est plus ou moins profonde, de 100 à 700 km au-dessous de la surface terrestre. Le point de cette surface situé à la verticale du foyer est l'épicentre.

La tectonique des plaques, origine des séismes

La lithosphère, croûte terrestre rigide, est divisée en plaques, qui se déplacent sur une zone visqueuse plus profonde. Ces plaques peuvent être totalement océaniques, comme la plaque pacifique, totalement continentales, comme la plaque iranienne, ou mixtes, comme la plaque eurasiatique ou la plaque nord-américaine.

Les séismes ont lieu là où les plaques se rencontrent ou bien là où elles s'écartent. Les sismographes permettent de mesurer leur magnitude.

Se repérer en géographie physique

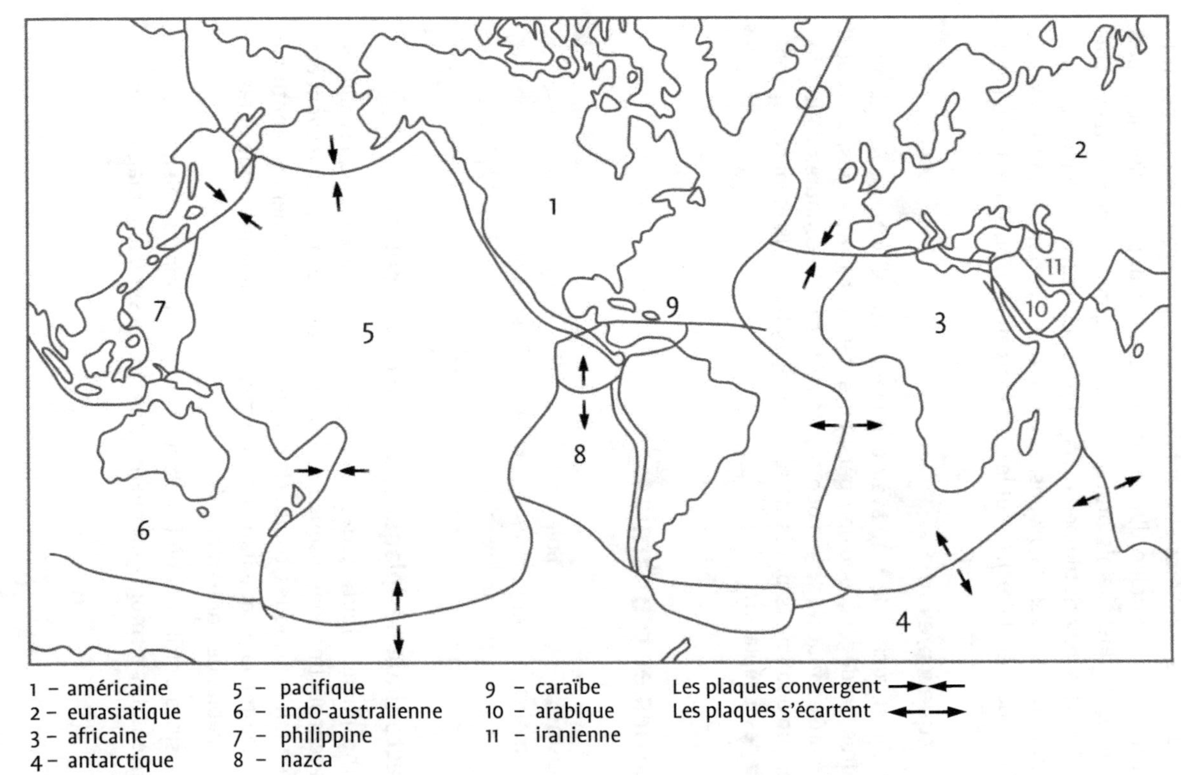

1 – américaine	5 – pacifique	9 – caraïbe	Les plaques convergent
2 – eurasiatique	6 – indo-australienne	10 – arabique	Les plaques s'écartent
3 – africaine	7 – philippine	11 – iranienne	
4 – antarctique	8 – nazca		

Les grandes plaques tectoniques

Deux échelles

La magnitude est mesurée selon l'échelle déterminée par Richter en 1935. C'est l'évaluation de l'énergie dissipée par un séisme. Cette échelle est ouverte, mais jusqu'à maintenant on n'a pas mesuré de séismes dépassant 8 à 10 degrés. Un séisme de magnitude 6 dissipe trois fois plus d'énergie qu'un séisme de magnitude 5. Et un séisme de magnitude 8 équivaut à 3 150 fois l'énergie de la magnitude 5.

L'échelle de Mercalli mesure les dégâts occasionnés par un séisme. Elle compte 12 degrés, de la quasi-absence de dégâts à la destruction totale des bâtiments et des infrastructures.

Les dégâts ne sont pas toujours proportionnels à la magnitude, mais plutôt au lieu du séisme. En plein désert, il n'y a pas de dégâts, au sens humain et économique, alors qu'ils peuvent être très importants si l'épicentre est proche de zones construites et habitées. Ainsi, le 4 novembre 1952, un séisme de magnitude 9 dans la presqu'île sibérienne du Kamtchatka n'a fait aucune victime. Le 28 mars 1964, un séisme de magnitude 9,2 en Alaska n'a fait « que » 125 victimes. Un tremblement de terre d'une magnitude beaucoup moins puissante, de 6 ou 7, a fait entre 250 000 et 700 000 morts selon les sources, au nord de la Chine en juillet 1976.

Pas moins de 90 % des foyers sismiques et des séismes les plus meurtriers correspondent à des zones où une plaque s'enfonce sous une autre plaque, comme le long de la côte ouest des deux Amériques, ou aux Philippines. Cette situation explique le tremblement de terre de Lisbonne, qui fit 60 000 morts le 1er novembre 1755.

Jusqu'à maintenant, il est très difficile de prévoir un séisme, même précédé de signes avant-coureurs, comme l'élévation de la température de l'eau des fonds océaniques ou les réactions insolites de certains animaux.

Si l'on ne peut prévoir le jour et l'heure d'un séisme majeur, comme celui qui risque de toucher la Californie, on peut en partie en éviter les conséquences tragiques, en construisant des immeubles antisismiques, en éduquant les populations des zones à risques, en surveillant par satellite les éventuels tsunamis. Lors du tremblement de terre d'Alger le 21 mai 2003, des témoins ont raconté : « J'étais au balcon, je regardais vers le centre d'Alger lorsque j'ai vu comme un énorme nuage de poussière. J'ai été pris de vertige, puis l'immeuble a commencé à aller d'avant en arrière, comme une balançoire, puis tous mes meubles sont tombés, le lustre du salon est sorti par la fenêtre. »

L'activité sismique en France

L'Europe méditerranéenne et alpine et la France ne sont pas à l'abri des tremblements de terre, comme l'a montré celui de Lisbonne. Il y a eu des séismes de magnitude supérieure à 5,5 en Bretagne, dans le Massif central, les Pyrénées, l'Alsace, la Provence, tout au long de notre histoire. Récemment, le 9 juin 2001, la Vendée a ressenti un séisme de 5,1 et le quart nord-est du pays a subi une secousse de 5,4 le 22 février 2003. La France connaît en moyenne dix à vingt séismes supérieurs à 5 en un siècle et une vingtaine supérieurs à 3,5 chaque année.

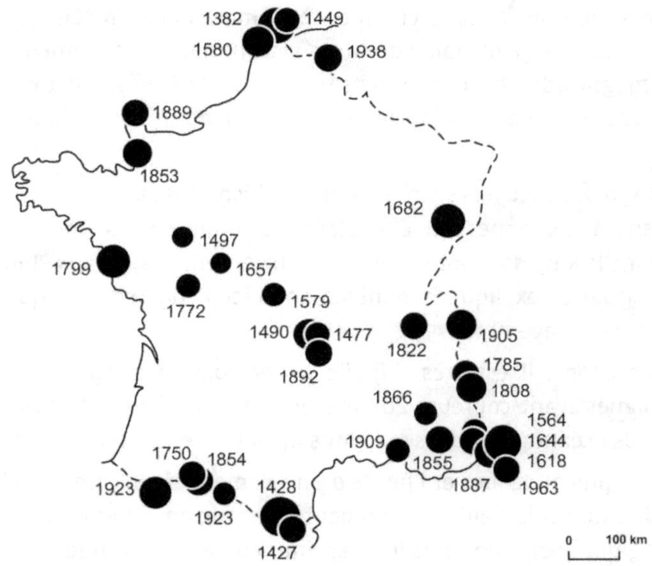

(Source : fichier de séismicité historique Sirene)

Les séismes d'une magnitude supérieure à 5,5 en France depuis le XIV⁰ siècle

Les séismes les plus meurtriers depuis 1975

4 février 1976	Guatemala	23 000 morts
28 juillet 1976	Chine	250 000 à 700 000 morts
19 septembre 1985	Mexico	5 000 à 40 000 morts
7 décembre 1988	Arménie	30 000 morts *
17 janvier 1995	Japon	6 500 morts
17 août 1999	Turquie	25 000 morts *
26 janvier 2001	Inde	25 000 morts *
26 décembre 2003	Iran	40 000 morts
21 mai 2003	Algérie	2 500 morts
24 février 2004	Maroc	570 morts
26 décembre 2004	Indonésie	250 000 morts *
8 octobre 2005	Pakistan	40 000 morts *

* Les chiffres varient suivant les sources.

Les tsunamis

Ce sont souvent les tsunamis qui font le plus grand nombre de victimes. Au large du Chili, en 1960, l'effondrement d'une portion de l'écorce terrestre de plusieurs centaines de kilomètres carrés, engendra des vagues énormes, qui atteignirent le Japon, 10 000 km plus loin, en moins de vingt-deux heures.

Le tsunami de l'Asie du Sud-Est, en 2004, était un mur d'eau de 5 à 10 m de haut, peu sensible en haute mer, mais catastrophique sur tous les rivages.

L'UNESCO informe, mais ne rassure pas !

« Les tsunamis se propagent en océan profond à la vitesse d'un avion de ligne. [...] Quand ils atteignent les eaux moins profondes, ils ralentissent et grandissent énormément. [...] Si vous êtes sur une plage et que le sol bouge si fort qu'il est difficile de rester debout, un tsunami a pu se former. Il peut être précédé d'un retrait de la mer mettant à découvert les poissons. [...] On entend parfois un grondement comme un train. [...] Éloignez-vous rapidement du rivage vers les hauteurs. [...] Si vous êtes emporté cherchez quelque chose pour flotter. »

Le plus gigantesque des tsunamis connus est celui que provoqua l'explosion du volcan Krakatoa, en Indonésie, en 1883 : la vague atteignit 35 m de haut, ravagea Java et Sumatra, transporta un vaisseau de guerre hollandais à 3 km à l'intérieur des terres.

À 4 000 m de profondeur, la vitesse de la vague atteint plus de 700 km/h ; à 10 m, elle n'avance plus qu'à 35 km/h, mais avec une hauteur accrue.

Volcans

Les volcans correspondent à la remontée de magma, qui provient du manteau et migre vers la surface en traversant des roches plus denses que lui.

Le manteau : c'est une masse d'une épaisseur de 2 850 km, qui se trouve entre le noyau de la Terre et la croûte terrestre, beaucoup plus mince (10 à 40 km). Le manteau contient du magma, prêt à être expulsé, brutalement ou de façon plus régulière.

Le danger des volcans dépend de la plus ou moins grande brutalité de leurs éruptions, et de la qualité des produits expulsés.

Ainsi les volcans de type hawaïen, dont les laves fluides s'écoulent de façon continue et souvent rapide, sont moins dangereux que les volcans de type peléen – du nom de la montagne Pelée à la Martinique – dont les bouchons peuvent exploser en quelques secondes, arrachant une partie du cône volcanique et libérant des gaz, les nuées ardentes, qui détruisent toute vie sur leur passage.

Les catastrophes volcaniques du passé

En travaillant sur les glaces de l'Antarctique, des scientifiques ont pu retrouver les traces d'éruptions très anciennes, mais que les hommes ont pu connaître.

Le Toba

Il y a 74 000 ans, un immense volcan indonésien, le Toba, a projeté 2 800 km³ de débris, ce qui a entraîné une baisse de la température mondiale de 5 à 6° C.

Le Santorin

Vers 1600 avant notre ère, le Santorin, un volcan de la mer Égée, a explosé, laissant cependant le temps aux populations de fuir. La température mondiale a alors baissé de 0,5° C. Une suite d'inondations et de sécheresses relatées par les annales chinoises peut être attribuée aux conséquences climatiques de l'éruption. Le Santorin est actif depuis 650 000 ans. Sa dernière éruption date de 1950, mais il produit toujours des fumerolles et des sources d'eaux chaudes.

> **L'hiver peut être volcanique**
>
> Les éruptions volcaniques peuvent projeter des poussières et des gaz qui forment un écran réfléchissant la lumière du soleil et l'empêchant en partie d'atteindre la Terre, dont la température peut alors baisser de 0,1 à 0,7° C, et exceptionnellement davantage.

Le Vésuve

En août 79, l'éruption du Vésuve fit disparaître les deux villes romaines d'Herculanum et Pompéi. Et le volcan, qui atteignait alors 2 000 m, perdit dans l'explosion près de la moitié de sa hauteur.

Le Laki

En 1783 et 1784, le volcan Laki, en Islande, entra en éruption. Les perturbations météorologiques qui en résultèrent firent considérablement baisser les récoltes de céréales en France, comme dans le reste de l'Europe. Le prix du pain augmenta, ce qui contribua sans doute à la propagation des idées révolutionnaires chez les populations pauvres et sous-alimentées !

Se repérer en géographie physique

Le cri

Certains historiens de l'art pensent que le peintre Edvard Munch traduit, dans son tableau *Le Cri*, une des conséquences de l'éruption du Krakatau. Le 27 août 1883, ce volcan indonésien a explosé, détruisant les deux tiers de son île, avec un bruit perçu à plus de 5 000 km. Le tsunami engendré par l'explosion a tué au moins 40 000 personnes et pendant de nombreux mois les couchers de soleil furent, partout sur la Terre, particulièrement rouges, rougeoiement qui occupe tout le fond du tableau de Munch.

Les risques volcaniques dans le monde

Tous les continents présentent des risques volcaniques. On trouve des volcans actifs à l'est de l'Afrique et, au large, dans l'île de la Réunion (volcan de la Fournaise, de type hawaïen, à laves fluides, donc relativement peu dangereux). Tout autour du Pacifique, des volcans dominent les côtes des deux Amériques comme celles de l'Asie, c'est la ceinture de feu du Pacifique, qui va de l'Alaska à la Terre de Feu, et du Kamtchatka à la Nouvelle-Zélande. Ces volcans ne sont pas tous également dangereux. Les risques les plus grands ont pour origine les volcans explosifs. Parfois le danger est plus insidieux : les volcans de boue, par exemple, n'émettent pas que des boues froides, elles sont souvent mélangées à des gaz, qui peuvent s'enflammer spontanément, comme ce fut le cas en Azerbaïdjan en 2001.

Une partie de la ceinture de feu du Pacifique

En Indonésie, il y a 129 volcans actifs. Le plus puissant est le Merapi qui s'est réveillé, comme tous les dix ou quinze ans, en avril 2006. Ses nuées ardentes peuvent atteindre 600 °C.

Il arrive souvent que les populations, même prévenues, refusent de s'éloigner pour des raisons économiques, ou culturelles : le Merapi, par exemple, est assimilé à une divinité imprévisible qui ne réagit pas toujours comme le prévoient les volcanologues.

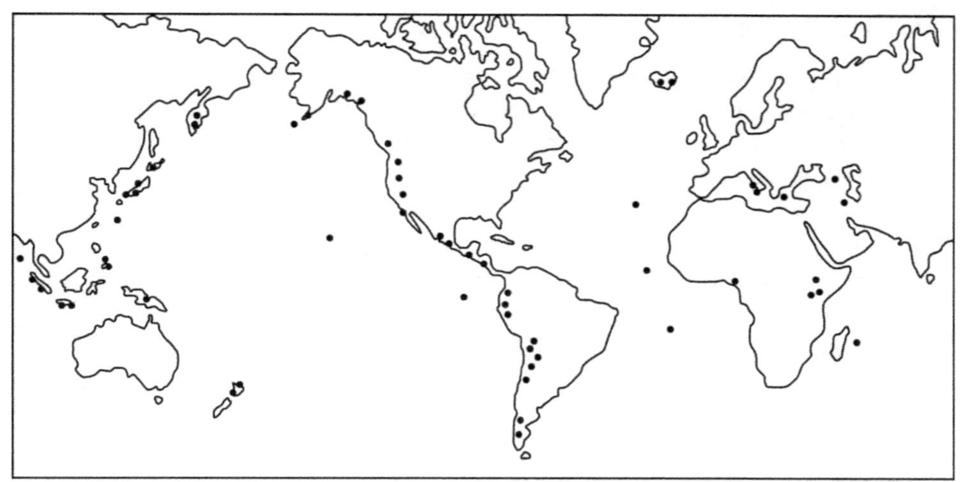

Les principales régions volcaniques du monde

Le dégazage des lacs volcaniques est un danger plus insidieux encore que celui des volcans. Ces lacs occupent d'anciens cratères, le bouchon de magma de ces cratères libère du dioxyde de carbone qui peut remonter de façon plus ou moins brutale, et toujours imprévisible, à la surface du lac. En août 1986, le lac Nyos, au nord-ouest du Cameroun, a libéré pendant la nuit un gaz mortel qui a parcouru à 70 km/h les vallées voisines, tuant 1 800 agriculteurs et leur bétail. Depuis, on a installé un système d'évacuation en continu du gaz et inventorié tous les lacs « tueurs » potentiels, comme le lac Nyos ou le lac Kivu, en Afrique de l'Est.

Les risques volcaniques en Europe

On les trouve essentiellement en Italie, en Grèce et en Islande. En Italie méridionale, le Vésuve, l'Etna, le Stromboli et le Volcano sont des volcans actifs qui peuvent menacer un grand nombre d'habitants. Si le Stromboli associe coulées de lave, projections de pierres et de gaz et si le Volcano libère des laves pulvérisées en cendre ou en pierre ponce, l'Etna et surtout le Vésuve présentent des risques d'explosion.

Se repérer en géographie physique

Un historien courageux

En 79, l'historien romain Pline l'Ancien est mort pour avoir voulu sauver des habitants de Pompéi menacés par le Vésuve. C'est son neveu, prudemment resté à distance, qui a raconté sa mort par asphyxie sous des nuées ardentes.

L'Islande est née d'éruptions volcaniques successives et vit sous la menace de volcans très actifs. Les geysers, sources jaillissantes intermittentes, sont déjà un signe de volcanisme actif.

En Grèce, le Santorin n'est relativement endormi que depuis 1950. Il émet encore des sources chaudes et des fumerolles, et peut à tout moment se réveiller.

La France possède des volcans relativement récents, dans le Massif central (chaîne des Puys, volcans ardéchois) et au bord de la Méditerranée (Agde). Il est tout à fait possible que ces volcans se réveillent un jour…

Les hommes responsables de catastrophes

Le 29 mai 2006, alors que la compagnie pétrolière Lapindo effectuait un sondage à l'est de l'île de Java en Indonésie, la boue a jailli. Le volume de boue craché par le sol n'a cessé d'augmenter, il a atteint 200 000 m³ par jour fin novembre 2006. Cinq villages ont été engloutis, 15 000 personnes déplacées, et la boue avance toujours.

Les immenses phénomènes volcaniques des précédentes ères géologiques sont à l'origine de gigantesques plateaux de lave, en Sibérie, au Groenland, aux Indes, au Brésil, etc. Une seule des coulées formant ces plateaux a dû libérer de 1 à 200 gigatonnes de dioxyde de soufre. À titre de comparaison, l'industrie humaine rejette actuellement 120 mégatonnes (0,120 gigatonne) de dioxyde de soufre par an. Il faudrait 800 ans à ce rythme pour émettre l'équivalent d'une de ces énormes coulées.

Climat

Plus qu'aux formes du relief et aux paysages, nous sommes sensibles aux climats, qui conditionnent en grande partie nos modes de vie et nos économies. Cependant les mécanismes climatiques sont encore imparfaitement connus. Il faut souvent se contenter de subir leurs contraintes, ou de profiter des atouts, parfois incertains, des phénomènes climatiques que l'on sait observer et décrire.

Il ne faut pas confondre géographie et climatologie. La géographie s'intéresse à la description des climats, mais surtout à leurs conséquences sur les sociétés humaines, et laisse aux climatologues l'étude scientifique des phénomènes.

Caractéristiques climatiques

Climat : ensemble des caractéristiques de l'atmosphère relevées en un lieu donné, et pour une longue période.

Temps : état du ciel et niveau des températures en un lieu donné, à un moment donné.

Pour définir un climat, il faut bien connaître les précipitations, les températures, les vents, l'ensoleillement, la régularité ou l'irrégularité de ces phénomènes.

Les précipitations

Les précipitations se produisent sous forme de pluie, neige, grêle, givre, brumes et brouillards. Leur répartition dans l'année détermine l'existence, ou non, d'une saison sèche. La quantité de précipitations, mesurée en millimètres, est donnée pour une année moyenne et peut varier de quelques millimètres à plusieurs mètres suivant les lieux.

Se repérer en géographie physique

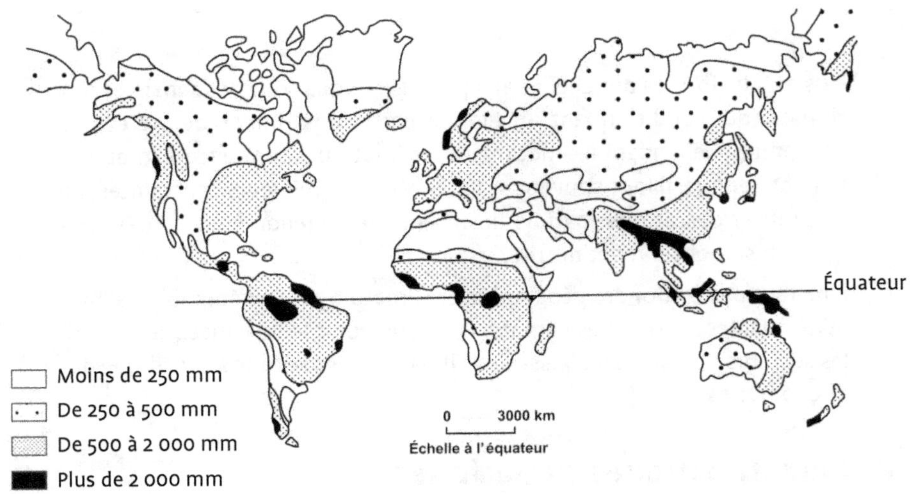

Les précipitations moyennes annuelles dans le monde

Les températures

Les températures sont la plupart du temps données par moyennes mensuelles, ce qui permet de repérer saisons froides, chaudes, intermédiaires ou de constater une constance des températures tout au long de l'année, comme c'est le cas par exemple en région équatoriale. Ces moyennes ne sont pas suffisantes pour se faire une idée d'un climat. L'amplitude thermique (c'est-à-dire la différence entre deux températures) entre deux mois peut s'accompagner d'amplitudes thermiques diurnes (différences de température entre le jour et la nuit) qui ont des conséquences importantes sur la végétation.

Le soleil

L'ensoleillement, c'est-à-dire le nombre d'heures de soleil par jour, mois ou année n'est pas automatiquement lié à la quantité de précipitations : Nice et Brest reçoivent à peu près la même quantité de pluie, mais Nice a plus d'heures de soleil que Brest.

Le vent

Les vents, qui soufflent des hautes pressions vers les basses pressions, peuvent être réguliers et généraux, comme les alizés des régions tropicales ou les vents d'ouest des latitudes moyennes. Mais ils sont aussi locaux, s'ajoutant aux caractéristiques climatiques d'une région, comme le mistral de la vallée du Rhône. Ils modifient la perception des températures, peuvent avoir des effets desséchants sur la végétation et deviennent destructeurs s'ils soufflent en tempête.

Brrr !

Aux îles Kerguelen, la température est modérée, (de 7° C en été à 2° C en hiver), les averses de pluie et de neige sont fréquentes. Mais le maître absolu des lieux est le vent, violent, qui règne 350 jours par an.

Grandes zones climatiques

Plus on s'éloigne de l'équateur et plus les températures moyennes sont basses, plus les écarts de durée entre le jour et la nuit augmentent jusqu'aux régions polaires qui connaissent les très longues nuits d'hiver, et les très longs jours d'été.

La présence ou l'éloignement de la mer jouent aussi un grand rôle : les océans se refroidissent et se réchauffent moins vite que le continent ; les régions côtières ont des températures moins contrastées tout le long de l'année, en particulier si elles sont baignées par des courants chauds. À l'inverse, loin des côtes, les écarts de températures sont plus grands, les précipitations souvent plus rares.

Zone équatoriale

Près de l'équateur, il fait chaud toute l'année, entre 26 et 28° C, sans qu'on puisse distinguer de saisons. Les pluies sont très abondantes, jusqu'à 10 m par an au pied des montagnes côtières, comme en Asie du Sud-Est, plus souvent entre 2 et 3 m. La pluie tombe en général en fin de journée, sous forme d'orages ou de pluies violentes.

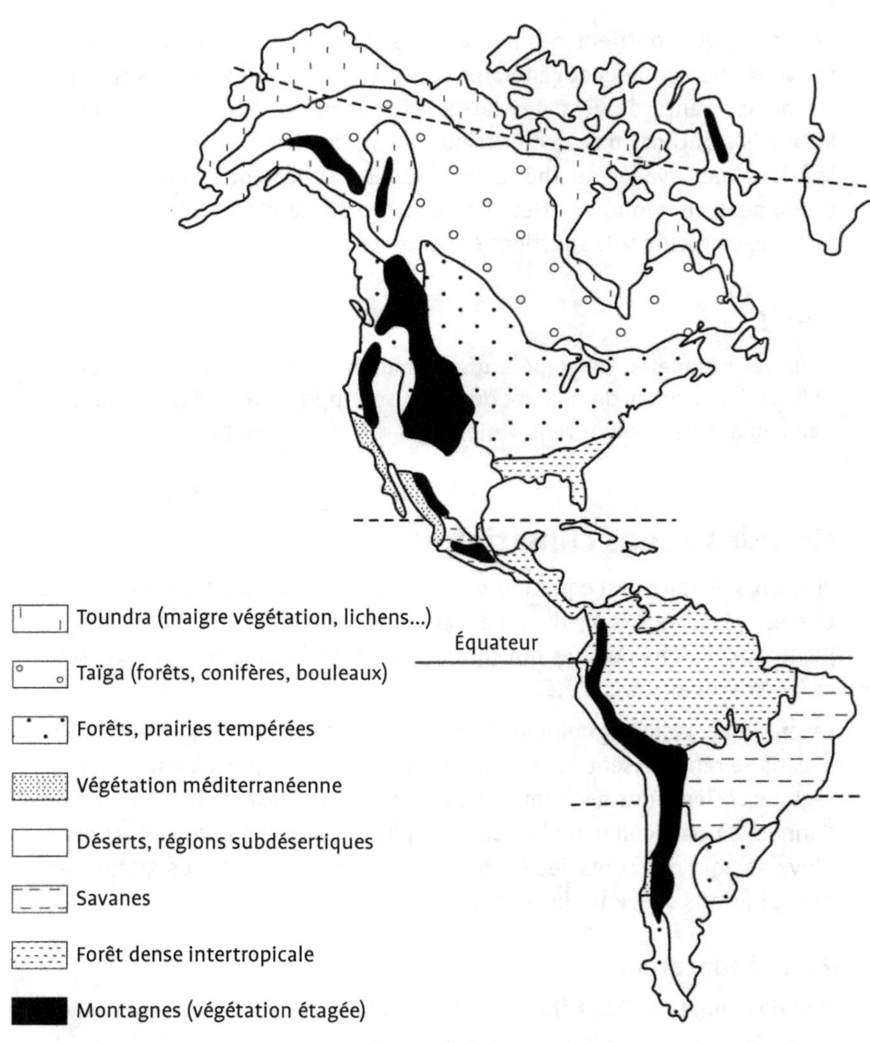

Les grands milieux naturels

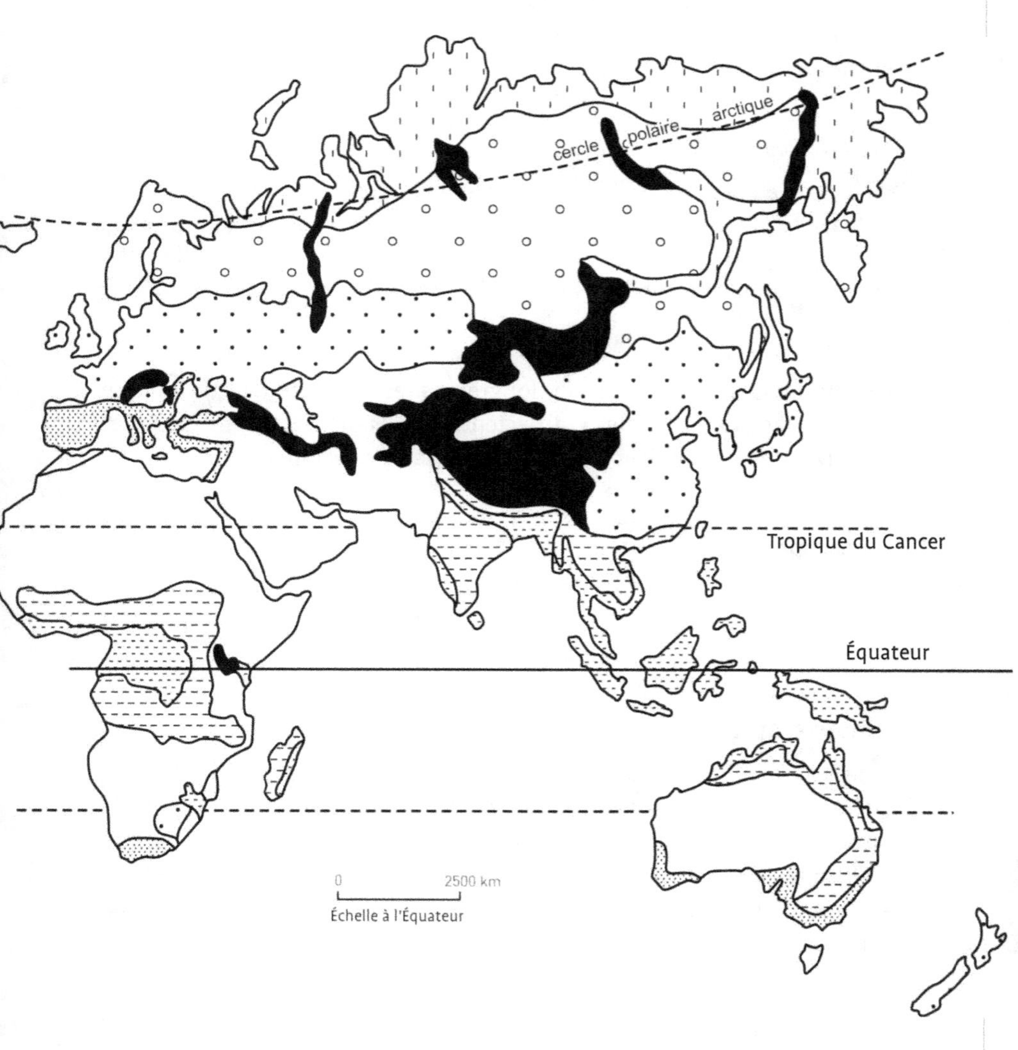

cercle polaire arctique
Tropique du Cancer
Équateur
0
2500 km
Échelle à l'Équateur

Se repérer en géographie physique

C'est le domaine naturel de la forêt dense, toujours verte, superposant jusqu'à plus de 30 m de haut plusieurs étages de végétation, reliés par des enchevêtrements de lianes.

Un terme à éviter

Il vaut mieux ne pas parler de forêt vierge à propos de la forêt équatoriale, parcourue depuis toujours par des groupes humains qui y ont vécu de chasse et de cueillette : Amérindiens, Pygmées, etc. Si elle est « ombrophile » (qui aime la pluie), elle n'est certainement pas vierge !

Les sommets de cette forêt sont longtemps restés mystérieux, jusqu'à ce que le « radeau des cimes » du scientifique Francis Hallé s'y pose, et découvre qu'une multitude de formes de vie s'y développe.

Canopée : surface formée par la cime des arbres d'une forêt. Cette surface, ondulée et dense dans la forêt équatoriale, a permis d'y poser le « radeau des cimes ».

Zones tropicales

Sous les tropiques, une saison plus ou moins sèche apparaît. En Birmanie, en bord de mer, la saison sèche dure de décembre à avril et les 885 mm de pluies annuelles tombent de mai à novembre. Dans l'ex-Zaïre, à 1 200 m d'altitude, Lubumbashi connaît aussi une saison sèche, de mai à octobre, et il tombe 1 300 mm de pluie sur le reste de l'année. Le paysage naturel est le plus souvent la savane.

Les savanes : couvertes d'herbes parfois très hautes, elles peuvent être buissonnantes quand la saison sèche est longue, arborées quand on y trouve quelques arbres et même boisées quand on s'approche de la zone équatoriale.

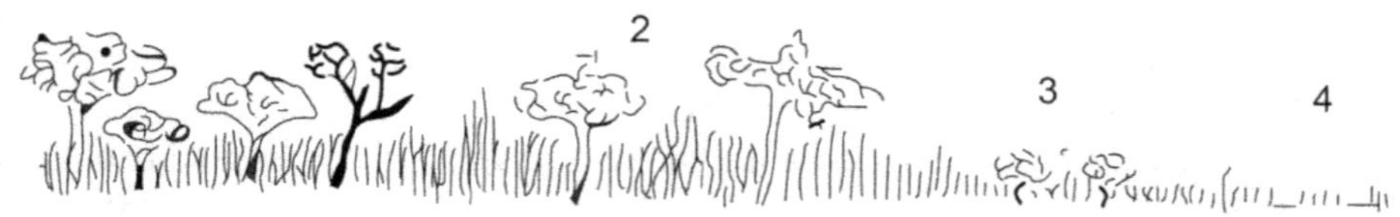

1 – Savane boisée 3 – Savane buissonnante
2 – Savane arborée 4 – Steppe

De la savane boisée à la steppe

Moussons

Le climat de mousson est un aspect particulier du climat tropical, qui touche l'Inde, la péninsule indochinoise, le sud de la Chine : la pluie arrive en mai, juin ou juillet et dure jusqu'en octobre. Trois ou quatre mois concentrent de 75 à 90 % des précipitations annuelles. Mais la mousson peut être en retard, faible, entrecoupée de périodes sèches, et compromettre ainsi les récoltes.

Déserts

Les déserts sont des régions où les précipitations sont faibles.

Il y a désert et désert

Il y a des déserts froids, ceux des régions polaires et continentales (désert de Gobi en Asie), et des déserts chauds. Ces derniers occupent des superficies plus importantes, en Amérique (plateaux des Rocheuses, Mexique), en Asie, de la Méditerranée à l'Afghanistan, en Australie et en Afrique (Sahara au nord, Kalahari en Afrique du Sud).

Outre la rareté des précipitations, plusieurs années sans pluie peuvent se succéder, les déserts tropicaux connaissent des températures très élevées (moyenne au-dessus de 24° C, mois le plus chaud dépassant 30° C) et des vents parfois très violents comme l'harmattan au Sahara ou le khamsin (le

« vent de 5 jours ») au Moyen-Orient. Enfin les écarts de températures entre le jour et la nuit peuvent être considérables.

Dans de tels climats l'eau est presque absente, elle ne se concentre dans les oueds qu'en cas de fortes pluies, phénomène dangereux parce que rare. En dehors des oasis, les plantes ont toujours un cycle de vie réduit et ne retrouvent vie que lorsqu'il pleut. De grands fleuves nés sous des climats plus humides peuvent, en les traversant, apporter la vie dans les déserts, comme le Nil en Égypte, ou le Niger en Afrique subsaharienne.

1 – Lit asséché d'un oued
2 – Oasis
3 – Sebkha, nappe d'eau temporaire

Un paysage sous climat désertique chaud

Les latitudes moyennes

Aux latitudes moyennes, c'est-à-dire à égale distance de l'équateur et du pôle, on trouve les climats tempérés. Ils ne présentent que des contrastes modérés de température et de pluie, mais se caractérisent par un grand nombre de nuances.

Les climats océanique, continental et méditerranéen

Le premier est doux l'été et frais en hiver, avec très peu de jours de gel, les pluies, un peu plus abondantes en hiver, sont régulières. Cependant plus on s'éloigne de la mer, plus ce climat devient continental. Les hivers sont plus froids, les étés plus chauds, les pluies plus violentes avec des orages l'été, et de la neige en hiver.

Dans les régions les plus méridionales, le climat méditerranéen, avec ses sécheresses d'été, rappelle les zones arides des tropiques.

Les climats français présentent de multiples nuances : hyperocéanique en Bretagne, océanique plus froid au nord, ou plus chaud dans le Bassin aquitain, semi-continental dans les bassins intérieurs, Limagne, Alsace, vallée de la Saône, méditerranéen au sud... Ils sont à la fois très variés et souvent changeants. C'est la raison pour laquelle les prévisions météorologiques sont particulièrement difficiles.

Les climats de montagne

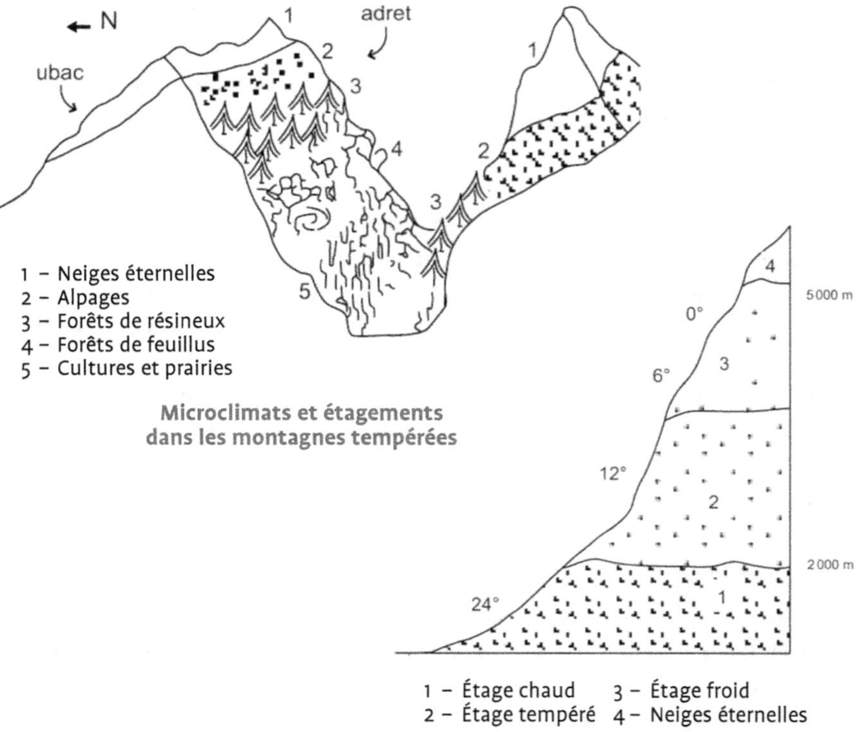

1 – Neiges éternelles
2 – Alpages
3 – Forêts de résineux
4 – Forêts de feuillus
5 – Cultures et prairies

**Microclimats et étagements
dans les montagnes tempérées**

1 – Étage chaud   3 – Étage froid
2 – Étage tempéré 4 – Neiges éternelles

Les climats de montagne à l'équateur

> **Microclimat :** c'est un climat qui ne concerne qu'une toute petite partie d'un territoire : un fond de vallée abrité, ou au contraire rarement ensoleillé, un quartier de ville, plus froid, plus venté que les autres ou au contraire bien exposé. Les agriculteurs connaissent bien et exploitent des microclimats, par exemple pour la vigne.

Les climats de montagne présentent sur une faible distance toute une gamme de caractéristiques et multiplient les microclimats. Sous un climat tempéré, les versants orientés au nord sont froids et neigeux, ceux qui sont orientés au sud profitent de l'ensoleillement et il faut monter plus haut pour trouver les neiges éternelles. Dans les régions arides, les montagnes reçoivent plus de précipitations que leur environnement. En climat tropical, les versants « au vent » sont très arrosés, les versants « sous le vent » plus secs.

Les régions polaires

Près des pôles, le mois le plus chaud n'atteint pas 10° C et la température peut descendre jusqu'à − 50° C. La longue nuit polaire n'est suivie que d'une très brève période de réchauffement, un peu plus longue quand on s'éloigne des pôles. Les précipitations, le plus souvent sous forme de neige, sont très faibles et difficilement mesurables. Les régions polaires sont aussi arides que les déserts chauds. Le vent est fréquent et ajoute à l'impression de froid. Les sols sont constamment gelés. Ils ne dégèlent, en surface, que dans les zones subpolaires, un peu plus méridionales. Aucune végétation ne survit au climat polaire.

Sec et froid

À Thulé, dans le nord-ouest du Groenland, la température moyenne n'atteint jamais 6° C (5,7° C au mois de juillet, le moins froid) et descend jusqu'à − 27° C de décembre à avril. Les précipitations sont très rares (117 mm par an) et tombent surtout entre juillet et octobre. Il neige donc beaucoup moins à Thulé que dans le Massif central ou les Alpes !

Évolution climatique

Au cours de l'histoire de la Terre, les climats ont souvent changé, comme on le sait par l'étude des roches, des pollens, ou des cercles de croissance des arbres.

Il y a 500 millions d'années, l'Europe était tropicale et l'Afrique en partie glacée ; 200 millions d'années plus tard, c'est un désert qui s'étendait sur l'Europe, remplacé ensuite par un climat tropical humide. Dans la période la plus récente, depuis 400 000 ans, des épisodes de glaciation et de réchauffement se sont succédé sur le continent européen, tandis que le Sahara se couvrait d'une végétation abondante.

La mer monte... et descend

Les glaciations, en immobilisant l'eau sur les continents, ont fait baisser le niveau des mers : il y a 100 000 ans les mers qui bordent l'Europe se trouvaient à 75 m au-dessous du niveau actuel.

À l'inverse, chaque fois que les glaciers fondaient, les mers montaient : elles ont parfois dépassé 100 m au-dessus de leur niveau actuel, il y a 300 000 et 400 000 ans.

À une époque plus récente, l'Europe a connu une période froide de 1590 à 1850 tandis que le XIIIe siècle avait été très doux. Ainsi le 28 mai 1642 les prud'hommes de Chamonix s'inquiètent :

> « Ledit glacier appelé des Bois va avançant de jour à l'autre, s'il vient à continuer quatre années en faisant de même, il court fortune de faire périr entièrement [le village du Tour]. »

On sait aussi, grâce à des documents historiques, qu'entre le Ve et le VIIe siècle, le climat de l'Europe était doux, tandis qu'au VIIIe siècle, à l'époque de Charlemagne, il s'est refroidi, apportant par exemple pendant l'hiver 763-764 d'énormes chutes de neige et gelant les oliviers, tandis que les glaciers descendaient plus bas dans les vallées.

Les raisons des changements climatiques des deux derniers millénaires sont mal élucidées. Conséquence d'une diminution de l'activité solaire pour la période froide à partir de la fin du XVIe siècle ? Modification de trajectoire du Gulf Stream ? Les climatologues pensent que pour cet épisode froid, les anticyclones subtropicaux pourraient être responsables. Ils se seraient retirés très loin au sud, laissant la place aux anticyclones et aux dépressions polaires. Reste à connaître les raisons de ce mouvement...

Atouts et contraintes des climats

Les climats arides, froids ou chauds, sont très contraignants car ils n'offrent qu'une ou deux possibilités d'adaptation. Le mode de vie eskimo est le seul qui ait permis pendant des siècles la survie humaine en climat polaire. Dans les déserts chauds, l'adaptation a pu être nomade, ou sédentaire dans l'espace très limité des oasis.

Les climats chauds intertropicaux présentent d'indéniables atouts : des températures qui ne nécessitent pas de protection particulière, une végétation et une faune abondantes. Cependant la fertilité des sols est très fragile en milieu équatorial, dès que l'on défriche, et le sol dur et rouge qui se forme alors, la latérite, est à peu près stérile.

L'adaptation, une question d'argent

L'homme s'est installé et a survécu sous tous les climats, même les plus rudes, et les formes d'adaptation sont aussi variées que remarquables. Depuis le XIXe siècle, les progrès techniques ont permis aux modes de vie « tempérés » de se répandre, souvent à grands frais, sous des climats très contraignants. Les Inuits ne vivent plus dans des maisons à moitié enterrées, on fait pousser des arbres et des céréales dans les déserts de Libye ou d'Arabie Saoudite, et des tomates au-delà du cercle polaire. Mais cette uniformisation a un coût, financier et écologique.

Le climat tropical, qui a deux saisons, une sèche et une humide, présente plus d'atouts et permet de nombreuses cultures, à condition que la saison humide arrive régulièrement et que les précipitations soient suffisantes sans être cataclysmiques. Dans les pays de mousson, une arrivée tardive des précipitations ou des pluies médiocres compromettent parfois irrémédiablement les récoltes.

Les climats tempérés offrent de grandes possibilités, à condition de s'adapter à chacune de leurs nombreuses nuances. On ne cultive pas partout la vigne, le climat océanique ne convient guère aux céréales, et les longs hivers des climats tempérés continentaux n'autorisent pas toutes les récoltes.

Continent

Un continent est une étendue de terre émergée de grande dimension. Il est habituel de considérer qu'il y a cinq continents : Amérique, Afrique, Asie, Europe, Océanie, mais il arrive qu'on parle de « continent antarctique ».

Géologie

Les continents sont, en quelque sorte, l'écorce de la Terre, la lithosphère (de *lithos* : pierre).

On peut aussi classer les composants des continents, pour leur partie visible, en roches d'origine externe (les sédiments, qui forment 5 % de la lithosphère) ou d'origine interne, éruptives ou solidifiées en profondeur. Une catégorie intermédiaire comprend les roches sédimentaires modifiées par des pressions et des températures très fortes : les roches métamorphiques.

Sédiment : matière minérale (débris d'autres roches) ou organique (coquilles) transportée puis déposée la plupart du temps sous l'eau.

Roches éruptives : montées depuis les couches profondes, elles peuvent s'être solidifiées sans arriver en surface, comme le granite. Ou bien le magma est arrivé à l'air libre par les volcans, d'où leur nom de roches volcaniques.

Le cœur des continents est le plus souvent formé de « boucliers » rigides de roches éruptives anciennes, parfois recouvertes de sédiments : boucliers canadien, brésilien, africain, scandinave... Sur leurs marges, on trouve souvent des chaînes de montagnes résultant du plissement de roches sédimentaires, avec parfois des inclusions de roches éruptives.

Les continents n'ont pas toujours occupé la place que nous leur connaissons. Les études géologiques montrent qu'ils ne formaient presque qu'un unique bloc de terres émergées il y a 200 millions d'années. Ils se sont

Se repérer en géographie physique

depuis séparés, mais il est possible qu'ils soient détachés, ou réunis (au moins en partie) dans 50 millions d'années. L'Europe et l'Amérique du Nord s'écartent actuellement et la corne de l'Afrique tend à se séparer du reste du continent.

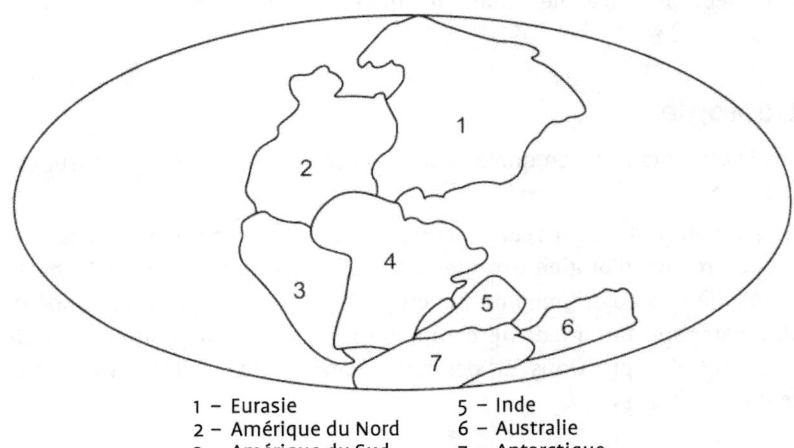

Les continents il y a 200 millions d'années

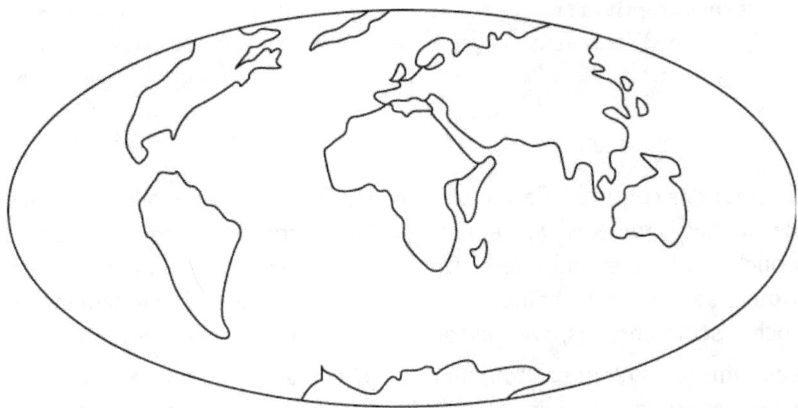

Position probable des continents dans 50 millions d'années

Les différents continents

L'Amérique

C'est un immense continent qui s'étend du 80° de latitude nord au 55° de latitude sud. L'Amérique du Nord est reliée à l'Amérique du Sud par un isthme qui n'occupe que 2,5 millions de km². Les deux grands pays de l'Amérique du Nord, Canada et États-Unis, couvrent 19,6 millions de km², et les pays d'Amérique du Sud 17,8 millions de km². L'Amérique du Nord est massive en particulier sur sa façade pacifique, mais offre deux façades sur l'Atlantique.

L'Amérique centrale, si l'on exclut le nord du Mexique, est très découpée et ses deux façades, atlantique et pacifique, ne sont parfois séparées que par 80 km.

L'Amérique du Sud, qui atteint 5 000 km dans sa plus grande largeur, se réduit ensuite rapidement et à son extrémité sud ne mesure plus guère que 60 km du Pacifique à l'Atlantique.

C'est donc dans l'hémisphère Nord que se trouve la plus grande partie du continent américain.

Isthme : c'est une bande de terre très étroite, entre deux territoires plus vastes. Comme l'isthme de Corinthe qui relie le Péloponnèse à la Grèce du Nord, ou celui qui va du sud de la Thaïlande à la Malaisie. L'Amérique centrale correspond à cette définition, entre le Nicaragua et la Colombie : le canal de Panama qui coupe cet isthme ne mesure que 68 km.

L'Afrique

C'est un continent très massif ; ses 30 millions de km² s'étendent surtout au nord de l'équateur. Près de 8 000 km séparent, dans sa plus grande largeur, la façade atlantique et celle qui donne sur l'océan Indien, tandis que l'Afrique du Sud n'a guère plus de 1 000 km de large. Cette pointe sud atteint le 35° parallèle sud, elle s'enfonce beaucoup moins dans l'hémisphère Sud que l'Amérique.

Se repérer en géographie physique

On peut observer que l'Amérique du Sud pourrait s'emboîter presque parfaitement dans le continent africain, ce qu'avait remarqué le grand géologue allemand Wegener, à l'origine de la théorie sur la dérive des continents.

L'Europe

Le plus petit des continents, un peu plus de 6 millions de km² – si l'on ne compte pas la Russie (17 millions de km²) – et le plus découpé. Il s'ouvre sur l'Atlantique, l'océan Glacial Arctique et la Méditerranée. Du sud de l'Espagne au nord de la Scandinavie, on parcourt plus de 4 000 km, mais l'Italie a par endroits moins de 100 km de large et l'océan Atlantique n'est séparé, en France, de la Méditerranée que par un peu plus de 300 km. La Grande-Bretagne et particulièrement l'Écosse sont également très étroites.

> **Le nom de l'Europe**
>
> Ce sont les Grecs anciens qui ont inventé le nom « Europe ». Pour Hérodote, au Ve siècle avant notre ère, ce nom désigne tous les pays menacés par l'invasion perse au nord et à l'ouest de la Grèce.

L'Asie

C'est de loin le plus vaste des continents (plus de 33 millions de km², si l'on ne compte pas la Sibérie russe). Très massif, il se prolonge cependant par des péninsules (Inde) qui peuvent être très découpées (Malaisie - Indonésie) et des chapelets d'îles, tout le long de sa côte orientale. De la Méditerranée à la mer de Chine on parcourt, à vol d'oiseau, plus de 8 000 km. Et si le nord du continent touche au cercle polaire, les îles les plus méridionales sont au sud de l'équateur. Séparée de l'Afrique par la mer Rouge, l'Asie possède des mers intérieures de grandes dimensions : Caspienne, mer d'Aral, et même mer Noire, bien que celle-ci débouche par un détroit sur la Méditerranée.

On peut se tromper !

En janvier 2007 une affiche touristique pour le Népal reproduisait une photo des ruines incas du Machu Picchu, sous le titre : « Avez-vous vu le Népal ? » Or le Népal est situé dans l'Himalaya, en Asie, et le site inca dans la cordillère des Andes en Amérique du Sud. Le Népal a dû présenter des excuses au Pérou.

L'Océanie

Si l'on exclut l'Australie (7,75 millions de km^2) et la Nouvelle-Zélande (275 000 km^2), l'Océanie n'est formée que d'îles de dimensions réduites. Celles qui composent la Papouasie-Nouvelle-Guinée atteignent cependant 463 000 km^2, mais le Vanuatu dépasse à peine 10 000 km^2 et ce sont des poussières d'îles qui complètent le continent.

Qui sont les Océaniens ?

Ceux qui habitent les plus petites îles sont les Micronésiens, ceux qui vivent sur les îles « noires » sont les Mélanésiens... mais il y a aussi les Australiens et les Néo-Zélandais...

Quid de l'Antarctique ?

Il est difficile de donner des dimensions « terrestres » à l'Antarctique. Les glaces débordent largement la partie réellement continentale, qu'elles recouvrent complètement. Pourtant on sait qu'il s'agit d'un continent montagneux : le volcan Erebus dépasse 4 000 m d'altitude. De forme massive, comme l'ont montré les sondages, l'Antarctique couvre 13 millions de km^2 et ne présente que deux grands golfes, ceux de la mer de Weddell et de la mer de Ross.

Échelle : comme on ne peut pas représenter un espace ou une distance exactement tels qu'ils sont (il faudrait une feuille de papier d'un kilomètre pour représenter une route d'un kilomètre), il faut choisir une réduction, un rapport, que l'on indiquera précisément, entre un espace et sa représentation, le plan ou la carte. Ce rapport s'appelle l'échelle.

Des échelles à 1/25 000 ou à 1/10 000 sont de grandes échelles (le dénominateur est relativement petit), mais elles ne permettent de représenter qu'un petit espace, sur lequel on peut indiquer beaucoup de détails.

Une échelle à 1/1 000 000 est une carte à petite échelle. Elle permet de représenter un très vaste espace, mais sans détails précis. La carte est très simplifiée, c'est presque un schéma.

Océans et mers

Le terme océan désigne les très vastes étendues d'eau qui séparent les continents.

Le mot mer est loin d'avoir un sens précis. Quelquefois on l'emploie pour parler d'une partie d'un océan : mer des Caraïbes dans l'océan Atlantique, mer de Chine dans le Pacifique. Il peut aussi désigner des étendues d'eau plus réduites, fermées complètement comme la mer Caspienne, ou communiquant peu avec un océan comme la Méditerranée. Mais on parle aussi de mer d'une façon beaucoup plus générale par simple opposition à la terre : on dit la mer est basse, ou la mer est calme même s'il s'agit d'un océan.

Il y a cinq océans : Pacifique, Atlantique, Indien, Arctique et Antarctique. Ces océans communiquent entre eux et ne forment donc, finalement, qu'une seule immense masse d'eau. On parle d'ailleurs parfois d'océan mondial. Avec les mers, ils occupent 75 % de la surface de la Terre, et le plus grand d'entre eux, l'océan Pacifique, a une superficie égale à 300 fois celle de la France.

Latitude : c'est la position d'un point par rapport à l'équateur. On la définit par l'angle, mesuré en degrés, fait entre le plan de l'équateur et la verticale passant par la position du point. Il faut toujours préciser si le point est au nord ou au sud de l'équateur. Paris est au 49° de latitude nord, le sud de la Nouvelle-Zélande est au 49° sud.

Longitude : elle se détermine toujours par rapport au méridien origine, le demi-cercle imaginaire passant par les deux pôles et perpendiculaire à l'équateur. Ce méridien de longitude 0 est celui qui passe à Greenwich, dans la banlieue de Londres. C'est l'angle, mesuré en degrés, entre le méridien 0 et celui qui passe par le point qu'on veut localiser précisément. La longitude est donc ouest ou est par rapport à Greenwich. Quimper est à 4° de longitude ouest, Strasbourg à près de 8° de longitude est.

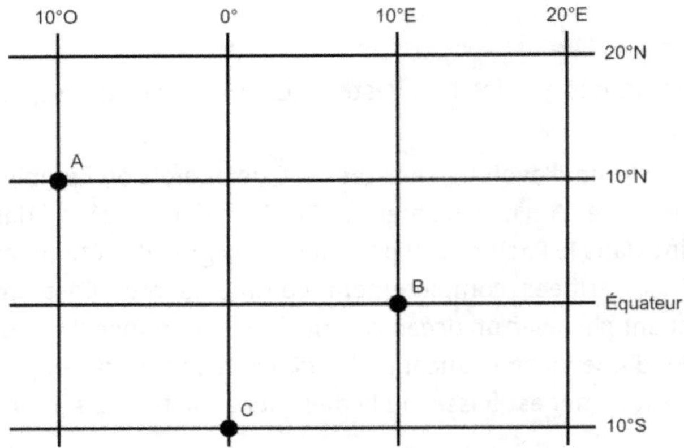

Le point A se situe à 10° de latitude nord et à 10° de longitude ouest
Le point B se situe à 0° de latitude et à 10° de longitude est
Le point C se situe à 10° de latitude sud et à 0° de longitude.

Latitude et longitude

Quelques caractéristiques

La profondeur des mers et océans est très variable. Souvent les continents se prolongent sous la mer par des plateformes continentales peu profondes, mais ils peuvent aussi être bordés par des fosses, celle des Philippines descend à – 11 000 m. À moins de 50 km des côtes du Chili, on trouve des profondeurs de – 7 500 m. Les mers bordières sont souvent peu profondes – la Manche ne dépasse pas – 30 m, mais certaines mers continentales comme la Méditerranée peuvent descendre jusqu'à – 4 000 m, ou même davantage (- 7 300 m dans la mer des Caraïbes).

Bien qu'il soit de plus en plus exploré, le fond des océans et des mers est encore en grande partie peu connu. On sait cependant que le Pacifique est le plus profond et que son relief sous-marin comprend un grand nombre de volcans. L'Atlantique a une profondeur moyenne beaucoup plus faible (près de 4 000 m) et une chaîne de montagnes sous-marine en S émerge par endroits : Islande, Açores. L'océan Indien, moins profond encore, se distingue par ses reliefs coralliens et la présence d'une grande chaîne volcanique. L'océan Antarctique, qui relie les trois autres grands océans, peut atteindre 4 000 m de profondeur, mais sa caractéristique la plus remarquable est d'être agité par des vents qui peuvent atteindre 300 km/h.

Les différentes sortes de mers

- Les mers fermées, ou mers intérieures, ne sont pas reliées aux océans. Leurs eaux sont très salées (mer Caspienne, mer Morte).
- Les mers bordières font en réalité partie d'un océan, dont elles ne sont qu'un golfe (mer d'Oman).
- Les mers intercontinentales sont reliées aux océans, mais par des passages très étroits (détroit de Gibraltar reliant la Méditerranée à l'océan Atlantique).

Les mouvements de la mer

Les vagues

Les vagues sont des ondulations produites par le vent à la surface des mers. Ces ondulations restent superficielles et se brisent sur les rivages. Leurs longueurs d'onde différentes permettent de les classer, mais elles sont modifiées par les hauts-fonds et le relief du plateau continental. Les vagues sont souvent des phénomènes locaux, mais il arrive qu'elles correspondent à une oscillation régulière de la surface, la houle, qui ne déferle pas. Se propageant très loin de leur lieu d'origine, les « trains de houle » finissent en général par disparaître en s'aplatissant. Cependant de gigantesques vagues, les « vagues scélérates », très dangereuses pour les bateaux, et dont l'existence a longtemps été mise en doute, ont été repérées par des satellites, sans qu'on puisse les comprendre. Elles sont probablement à l'origine de naufrages et de disparitions de navires inexpliqués (voir p. 13).

> **Victor Hugo décrit la houle**
> « … donner à la houle
> un si gigantesque élan
> que d'un seul bond elle roule
> de Behring à Magellan. »

L'image est belle, mais le phénomène impossible !

Les marées

> **Marée :** mouvement de la mer périodique journalier. La mer monte, puis descend. Le rythme et l'amplitude de ce mouvement varient suivant le lieu et le moment, mais sont prévisibles.

Le mécanisme des marées est très complexe. On peut dire que les eaux marines retenues à la surface de la Terre par la pesanteur voient cette attraction diminuer au passage de la Lune, et aux antipodes de ce point de passage.

Si la Lune passe en A elle attire l'eau des océans en A mais aussi en B, donc aux antipodes.

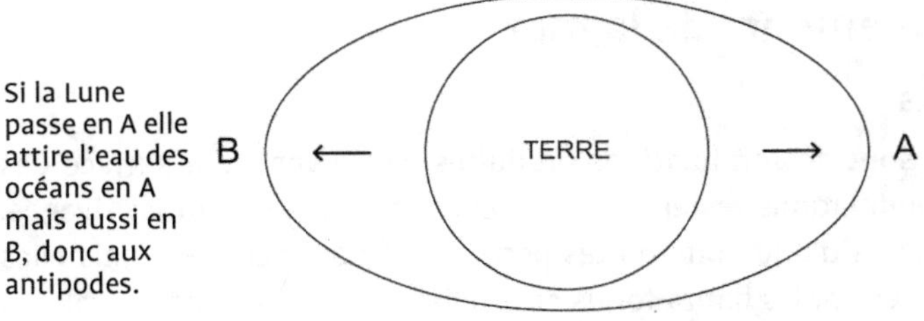

Un phénomène complexe

La mer monte et descend deux fois par jour mais avec un décalage moyen quotidien de cinquante minutes.

La marée haute est aussi appelée pleine mer et la marée basse, basse mer. La hauteur qui sépare basse mer et pleine mer est d'autant plus importante que les volumes d'eau mis en mouvement sont grands. La Méditerranée a des marées de 40 cm à Marseille ou Toulon (où les fonds sont profonds) mais de 1,30 m à Venise, située au fond d'une baie, et même de 2,30 m dans le fond du golfe de Gabès en Tunisie.

On trouve des marées de plus de 10 m en France (baie du Mont-Saint-Michel) mais aussi au Canada, au sud-est de l'Amérique du Sud, au fond du golfe de Californie, dans certains golfes du nord de l'Australie, dans la baie qui sépare la Sibérie et le Kamtchatka…

Le vent peut contrarier, ou amplifier, conjoncturellement, le mouvement des marées.

La tempête

Le 26 décembre 1999, une tempête a balayé les côtes atlantiques, notamment la Vendée et la Gironde, provoquant des surcotes atteignant localement 4 m, ce qui a contraint à la fermeture des réacteurs 1 et 2 de la centrale nucléaire du Blayet. Encore le coefficient de marée n'était-il que de 94, alors qu'il peut atteindre 119...

Les marées ont des conséquences écologiques importantes. Leurs mouvements entretiennent une vie végétale et animale variée et spécifique.

Elles sont une inépuisable source d'énergie utilisée dès le XIVe siècle par les moulins à marée bretons, et exploitée par l'usine marémotrice de la Rance, proche de la baie du Mont-Saint-Michel, capable de produire de l'électricité avec les marées, montantes et descendantes.

Cependant, elles présentent aussi des inconvénients, en particulier des contraintes horaires pour les activités aquacoles, et pour les ports, lorsqu'ils ne sont pas en eaux profondes et que les bateaux doivent attendre la marée haute pour entrer ou utiliser des écluses, ce qui est une opération assez longue.

À savoir

Ce sont les plus basses eaux possibles qui déterminent le niveau de référence des cartes marines.

Les courants marins

Ils déplacent d'énormes quantités d'eau. Les vents dominants produisent en surface les courants d'impulsion, qu'on appelle parfois des « dérives », comme dans le cas de la dérive nord-atlantique qui atteint les côtes de l'Europe de l'Ouest.

Se repérer en géographie physique

Les différences de températures entre eaux polaires et eaux tropicales engendrent d'autres courants : les courants de décharge, plus lents que les courants d'impulsion. Les eaux polaires, froides et peu salées, descendent vers l'équateur en s'enfonçant tandis que les eaux tropicales viennent en surface et remontent vers les hautes latitudes.

D'une façon générale, dans l'hémisphère Nord, les façades ouest des continents sont baignées par des courants chauds : courant de l'Alaska, dérive du Pacifique-Nord, dérive nord-atlantique, tandis que les façades est sont longées par des courants froids : courant du Labrador, courant Oya-Shivo (au nord du Japon).

Dans l'hémisphère Sud, c'est plutôt le phénomène inverse. Le Pérou et le Chili sont longés par le courant froid de Humboldt, et l'Argentine par le courant chaud du Brésil. On trouve en Afrique le même contraste entre la façade ouest (courant froid de Benguela) et la façade est (courant chaud des Aiguilles).

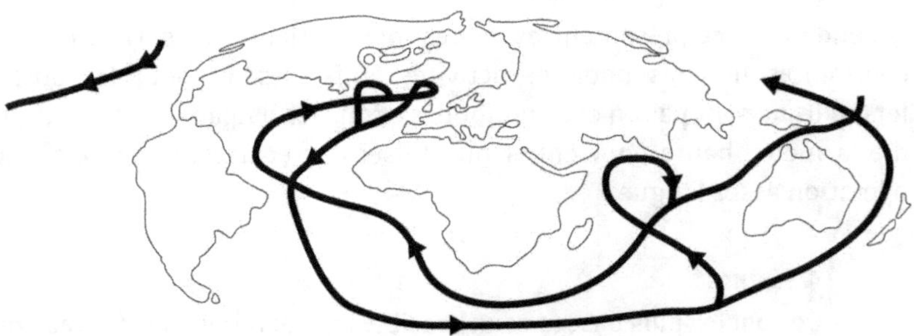

La complexité du « tapis roulant » des courants marins

Des mesures récentes semblent montrer que le courant de retour du Gulf Stream le long de la côte africaine s'amplifie, tandis que la dérive nord-atlantique a vu son débit diminuer.

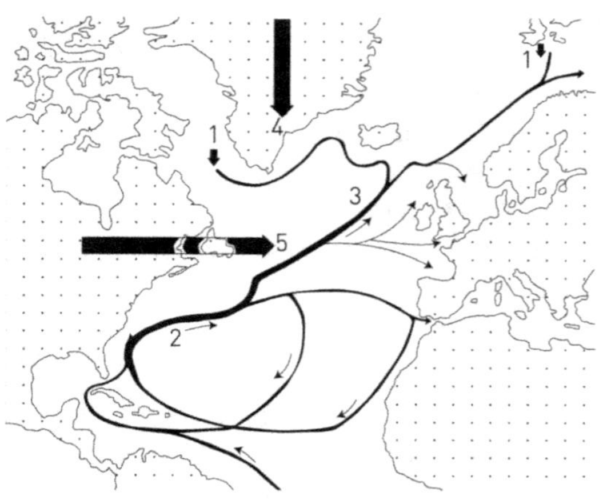

Les courants de l'Atlantique-Nord

El Niño

Le phénomène du « niño », qui arrive au moment de Noël, voit les eaux chaudes remplacer les eaux habituellement froides du courant de Humboldt. Les conséquences climatiques, pluies diluviennes dans la région côtière ouest de l'Amérique du Sud, mais sécheresse dans le nord-est du Brésil ou en Australie, sont catastrophiques. Cette « oscillation australe » qui n'a pas lieu tous les ans est plus ou moins puissante.

Les variations du niveau des océans

Au cours de l'histoire de la Terre, il y a eu de fréquentes transgressions et régressions marines dues le plus souvent à des successions de périodes glaciaires et interglaciaires.

Il y a 150 millions d'années, à l'époque des dinosaures, ce que nous appelons la France était pour sa plus grande partie recouverte par un océan. Depuis un million d'années, les avancées et fontes des glaciers ont fait varier le niveau des océans. Il y a 20 000 ans, lorsque l'hémisphère Nord fut envahi par la glace, le niveau de l'océan descendit de 120 m, et remonta d'autant à la fin de l'ère glaciaire, entre – 18 000 et – 6 000.

La montée des eaux peut être due à la fonte des glaces de glaciers et d'inlandsis mais aussi à l'expansion thermique des océans. En effet, si leur température s'élève, le volume des eaux augmente : les 3 mm d'élévation constatés en 2004 sont dus pour les deux tiers à cette expansion thermique. Le niveau ne s'élève pas actuellement partout sur la planète : dans le nord-est du Pacifique ou dans l'océan Indien, le niveau a baissé. C'est la raison pour laquelle il reste très difficile de prévoir l'évolution des niveaux marins durant le siècle prochain.

Encore un mystère !

Des scientifiques français et japonais viennent de découvrir que les océans sont peuplés de tourbillons dont les diamètres vont de 50 à 100 km. Ils entraînent à 500 m de profondeur des eaux chaudes ou froides. Ces mouvements horizontaux et verticaux dispersent la chaleur stockée dans l'eau et influent sur la circulation générale océanique. Il est certain qu'il faudra en tenir compte pour mieux comprendre les échanges entre les océans et l'atmosphère, et donc la météo !

L'évolution des côtes

La forme des côtes dépend des types de roches dont elles sont formées, et des mouvements de la mer, en particulier des vagues qui attaquent le pied des falaises ou déposent du sable et des galets.

Des côtes sous la mer

Certaines côtes anciennes peuvent être actuellement ennoyées, c'est par exemple le cas en Méditerranée, où des grottes habitées au paléolithique se trouvent sous plusieurs mètres d'eau (grotte Cosquer, près de Marseille).

Le retrait de la mer laisse des tracés de côtes fossiles, avec des vallées suspendues (Normandie, sud de l'Angleterre). Il est très difficile de prévoir l'évolution naturelle d'une côte, et plus difficile encore de la contrarier.

Cependant l'action humaine joue un rôle important. L'urbanisation, les barrages sur les fleuves, qui gênent l'arrivée des sédiments à la mer, le prélèvement de sable expliquent en partie le recul de plages et de dunes que l'océan avait construites depuis 8 000 ans.

Cependant le retrait des côtes est en grande partie naturel. En Europe 20 % des côtes sont érodées (33 % en Lettonie, 38 % à Chypre, 55 % en Pologne, 24 % en France).

À savoir

En France, 17 % des côtes sont fixées artificiellement par des digues ou des enrochements et 44 % semblent naturellement stables.

Les ressources des océans

Les océans contiennent de grandes richesses énergétiques et minières. Pétrole et gaz méthane s'y trouvent en quantité. Le méthane naît de réactions inorganiques et certains scientifiques estiment que le temps de création de ce gaz est inférieur au temps nécessaire à sa consommation, ce qui en ferait une ressource inépuisable, dont les coûts d'exploitation demeurent cependant élevés.

On trouve au fond des mers des nodules de manganèse et de nickel, mais aussi de fer, de cobalt, d'or et d'argent.

Un accès difficile

L'exploitation à grande profondeur pose des problèmes puisque les engins actuellement en service, robots et sous-marins, ne descendent pas en dessous de 6 000 m de profondeur.

La profondeur moyenne du plancher océanique, 3 800 m, laisse espérer une exploitation possible sur 97 % de la surface des fonds. Elle nécessitera de grandes précautions, en particulier en ce qui concerne le méthane, dont les réserves sont évaluées à deux fois les réserves prouvées de charbon, pétrole et gaz terrestres. Ce gaz, difficile à manipuler dans l'atmosphère, est un des principaux responsables de l'effet de serre.

Il est certain également que les océans peuvent contribuer à enrichir la pharmacopée : 20 000 substances biochimiques différentes ont été récemment extraites de végétaux et d'animaux marins.

La description et l'étude des formes du relief constituent un des aspects les plus anciens et les plus connus de la géographie. Il s'agit de mesurer et de comparer les aspects visibles de la croûte terrestre, par curiosité, mais aussi par intérêt, pour mieux surmonter des contraintes et pour mettre en valeur les atouts générés par la grande variété de ces formes.

Pourquoi des cartes ?

Ce sont des représentations du réel d'abord faites pour localiser et se repérer. Elles ont beaucoup d'autres usages, comme par exemple comprendre et expliquer un phénomène, faire des prévisions (météorologiques, démographiques, économiques...), comparer, démontrer.

Il faut toujours choisir ce qui sera indiqué et jusqu'à quel niveau de précision on ira. Une carte n'est donc pas objective.

Encore plus simple : le croquis

Le croquis est utilisé pour faire ressortir les éléments essentiels d'une carte, mais surtout pour étayer une démonstration. Fait à main levée, il s'accompagne d'un titre et d'une légende, mais ne représente que ce qui peut servir à l'argumentation.

Pourquoi se méfier des images ?

Comme les cartes, les images sont le résultat d'un choix. Le photographe, comme le peintre, cadre une partie d'un paysage et ne laisse voir que ce qu'il veut montrer. Pour bien regarder une image en géographie, il faut toujours se demander ce qu'il y a hors du cadre, et quelles peuvent être les relations de ce qui est visible avec ce qui ne l'est pas. En découvrant les intentions de l'auteur, on déchiffre mieux l'image.

Les différents types de reliefs

C'est un terme vague qui signifie souvent forme d'altitude, ou du moins plus élevée que son environnement proche.

Se repérer en géographie physique

Les reliefs résultent d'abord des forces internes qui ont fait surgir les montagnes, mais ils ont rapidement (à l'échelle géologique) été usés par toutes les formes de l'érosion. Le relief d'origine est devenu un modelé. La structure d'origine peut être plane, plissée, faillée... L'étude des modelés concerne aussi les climats, puisque ce sont eux, anciens ou actuels, qui les ont façonnés.

La description du relief utilise souvent des termes du langage courant, scientifiquement vagues, comme plaine, colline ou montagne. Mais une étude topographique, des connaissances géologiques, climatiques et historiques permettent d'être plus précis.

Montagne

C'est un relief qui se caractérise par une altitude élevée et des pentes marquées, donc des dénivelées importantes.

Il descend !

Si le mont Blanc culmine à 4 807,5 m c'est grâce à la neige qui le recouvre. Le sommet, lui, est situé 15,5 m plus bas. Le mont Blanc mesure donc réellement 4 792 m. Son altitude est remontée au cours de l'été 2007, particulièrement neigeux...

On peut distinguer des montagnes larges et massives et des chaînes plus étroites, qui peuvent s'allonger sur des centaines de kilomètres, comme les Alpes, l'Himalaya ou les Rocheuses. Quand une chaîne est plus mince encore, on l'appelle cordillère en Amérique du Sud, et sierra si ses sommets sont en dents de scie.

Les cordillères masquées

Certaines cordillères sous-marines n'apparaissent que grâce à des archipels, des alignements d'îles en forme plus ou moins arquée. C'est le cas des Petites Antilles, des Kouriles, entre le Japon et le Kamtchatka, des îles Aléoutiennes, à l'ouest de l'Alaska.

Plateau

Caractérisé par sa platitude, le plateau se différencie de la plaine par son altitude, donc souvent par son climat et par la brusque dénivelée de ses vallées, souvent encaissées. Il y a des plateaux de dimensions modestes, comme dans le Massif central, tandis que d'autres couvrent des milliers de kilomètres carrés (Tibet).

Plaine

Le terme ne s'emploie que lorsque la surface est plane, les vallées peu ou pas creusées, l'altitude modeste. Une plaine peut être légèrement ondulée, mais ses horizons sont plans. Comme pour le plateau, il n'y a pas de termes différents pour une petite plaine, telle la Beauce, et les immenses plaines du sud de la Sibérie ou d'une partie de l'Ouest américain.

Vallée

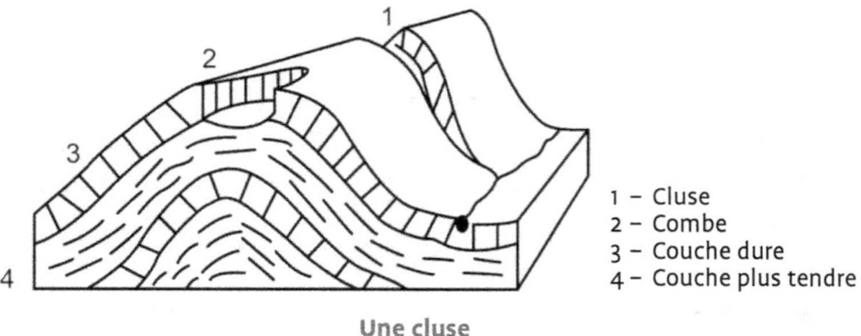

Une cluse

C'est un creux, plus ou moins marqué, entre deux lignes de crêtes, souvent parcouru par un cours d'eau. De l'amont, lieu où le cours d'eau prend sa source, à l'aval, direction vers laquelle il se dirige, la pente peut être très forte (hautes vallées de montagne) ou à peine marquée. Dans ce dernier cas, la rivière gagne son embouchure en décrivant de nombreuses courbes, les méandres. Les vallées sont séparées par des interfluves, qui sont souvent des lignes de partage des eaux entre les bassins versants de deux cours d'eau. Les vallées ont des formes en V plus ou moins évasées, ou en U, en particulier lorsqu'elles ont subi l'érosion glaciaire et périglaciaire.

Se repérer en géographie physique

Les reliefs volcaniques

Tous les volcans ne donnent pas les mêmes reliefs, même si en général ils se distinguent d'autres montagnes par leur allure plus ou moins conique et la présence de cratères. Les volcans à laves très fluides ont une forme en bouclier aplati, ceux qui produisent des laves très solides sont souvent obturés par des dômes ou des aiguilles que des éruptions brutales projettent en détruisant une partie du flanc de la montagne. Les grands champs de laves présentent des formes en coussins, ou très irrégulières. Les coulées de basalte sont parfois en tuyaux d'orgues. Si le volcanisme est ancien, l'érosion peut avoir dégagé un cône cendreux pour ne laisser en relief que le contenu, beaucoup plus dur, de l'ancienne cheminée, le neck. Si c'est une ancienne fente volcanique colmatée par la lave qui seule subsiste, on parle de dyke.

Le volcanisme a existé à toutes les époques géologiques. Ses traces les plus anciennes, souvent gigantesques par leur superficie, n'ont plus que l'allure de plateaux. On les trouve en Inde (Deccan), dans l'est de l'Afrique (hauts plateaux éthiopiens), au Brésil (Parana). Les plus récentes, qui se superposent aux paysages qui les ont précédées, sont pour cette raison considérées comme des « reliefs postiches ».

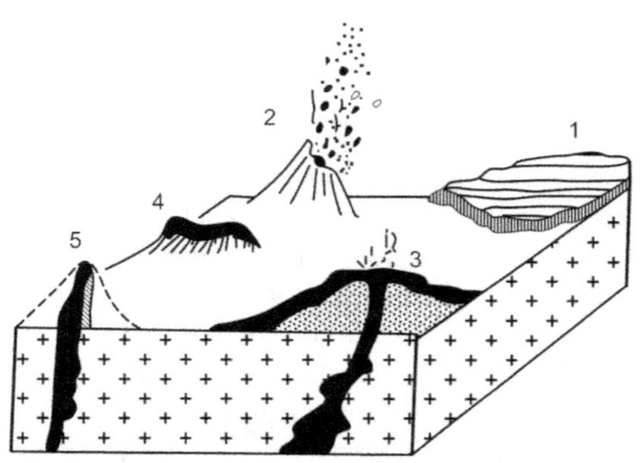

1 – Grandes tables basaltiques (Inde, Brésil, Éthiopie)
2 – Volcan de type « explosif » (la montagne Pelée en Martinique, le mont Saint Helens aux États-Unis)
3 – Volcan à laves fluides (Hawaï)
4 – Barre de lave qui subsiste en relief (dyke)
5 – Culot de lave resté en relief après la disparition du cône (neck)

Quelques formes de reliefs volcaniques

La répartition des reliefs sur la planète

Les grands « boucliers »

Ce sont de grands socles, d'origine très ancienne, et très stables. On les trouve au Canada, au Brésil, en Afrique, en Scandinavie, en Sibérie, en Arabie, en Inde, dans le sud de la Chine, en Australie.

Leur longue histoire géologique explique qu'ils soient par endroits entaillés par de larges fossés, comme dans l'est de l'Afrique, ou dans leurs parties les plus basses recouverts par des sédiments.

Ils présentent l'avantage d'une relative platitude et ne font donc pas obstacle aux communications, sauf si leur forme en cuvette est accentuée (Afrique). Mais leurs dimensions sont en elles-mêmes une contrainte,

Se repérer en géographie physique

comme leur massivité et la monotonie de leur relief, peu propices à une exploitation variée, ou même à un habitat qui n'y trouve guère de sites ou de situations favorables à une installation de protection ou de carrefour commercial. Cependant les conditions changent dès lors qu'ils sont parcourus par de grandes vallées, qui drainent à la fois les eaux et les hommes.

Les grands bassins sédimentaires

Ils sont nés de dépôts organiques ou inorganiques dans des mers relativement peu profondes et leur géologie se traduit par des couches successivement dures et tendres souvent empilées comme des assiettes. L'érosion, en dégageant les roches les moins résistantes, laisse apparaître des reliefs relativement raides, qui suivent le rebord des « assiettes ». C'est par exemple le cas du Bassin parisien prolongé par le bassin de Londres. Mais tous les bassins sédimentaires ne présentent pas cette régularité. Les plus grands bassins sédimentaires se trouvent en Amérique du Nord et en Sibérie.

Passages idéaux pour les invasions

Bassins et vallées cumulent les avantages : altitudes basses, ouverture, présence de l'eau, nécessaire à l'agriculture, à l'industrie et au transport. Mais les grandes plaines (est de l'Europe, grandes vallées asiatiques, Bassin parisien...) ont été la cible ou le lieu de passage d'invasions fréquentes, puisqu'elles n'offrent à peu près aucune protection naturelle.

Les grandes zones montagneuses

En Amérique

Elles suivent la côte occidentale du continent, de l'Alaska à la Terre de Feu. Plus larges dans les montagnes Rocheuses où elles se divisent en deux chaînes séparées par de hauts plateaux, elles atteignent 6 187 m en Alaska puis 4 400 m aux États-Unis, 5 400 m dans le nord du Mexique. En Amérique du Sud, la cordillère des Andes dépasse 7 000 m.

En Afrique

En Afrique, c'est au nord (plus de 4 000 m) et surtout à l'est (5 000 m) que l'on trouve les altitudes les plus élevées.

En Asie et en Europe

Les plus grosses masses de haute altitude occupent une grande partie du continent asiatique. Ce sont de très hauts plateaux, comme au Tibet, ou bien des chaînes dont les sommets dépassent souvent les 8 000 m. L'Europe, qui prolonge à l'ouest le continent asiatique, est cloisonnée par des chaînes relativement modestes, mais dont les sommets peuvent atteindre plus de 4 000 m.

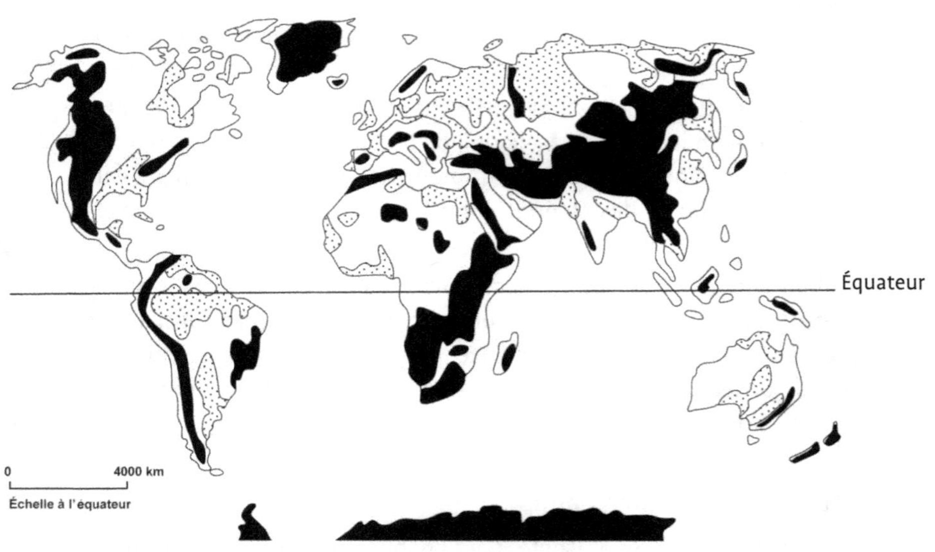

Les grands traits du relief planétaire

Se repérer en géographie physique

Les grandes vallées

Creusées et alluvionnées par les fleuves et/ou les glaciers, elles suivent les structures du relief qu'elles irriguent et qu'elles contribuent à faire évoluer.

En Amérique du Nord, les vallées du Missouri et du Mississipi séparent les Appalaches, vieilles montagnes de l'est, des montagnes Rocheuses, à l'ouest.

Le bassin de l'Amazone et de ses affluents occupe, d'ouest en est, une grande partie de l'Amérique du Sud.

En Afrique, la présence de boucliers aux bords relevés explique que les grands fleuves soient contraints de décrire de larges courbes avant de rejoindre la mer (Congo, Niger) à l'exception du Nil, né dans les hauts plateaux d'Afrique de l'Est, et dont le long parcours jusqu'à la Méditerranée est plus rectiligne.

Les grands fleuves du Moyen-Orient (Tigre, Euphrate), de l'Asie péninsulaire (Indus, Gange, Mékong), de la Chine (Yangzi Jiang, Houang-Ho) et de l'Extrême-Orient sibérien (Amour) doivent leur puissance à l'altitude et aux climats des chaînes dont ils sont issus et dont ils longent souvent le piedmont.

Les immenses fleuves sibériens naissent eux aussi dans les chaînes et les hauts plateaux d'Asie, mais ils se dirigent tous vers l'océan Glacial Arctique. Leur embouchure est donc prise par les glaces beaucoup plus longtemps que leur source et leur cours amont, ce qui explique l'importance de leurs inondations.

Du bon... et du moins bon

Chaque type de relief présente, pour l'habitat et l'économie, des avantages et des difficultés, également liés aux conditions climatiques, elles-mêmes en partie dépendantes du relief : l'orientation nord-sud de la vallée du Mississipi explique les grandes vagues de froid descendant des régions arctiques, la complexité des versants de vallée et de leur orientation génère des microclimats, etc.

Chaînes et hauts plateaux

Barrières difficiles à franchir, les chaînes ont souvent servi de frontières, considérées comme « naturelles ». Ce qui est à la fois un atout puisque la montagne protège et peut servir de refuge, et une contrainte : elle isole, rend les contacts commerciaux et culturels rares.

Tout aménagement d'un tel relief, route ou chemin de fer, exige un haut niveau technique et entraîne des coûts considérables. Ajoutons pour certaines chaînes le fait qu'elles ont peu de cols et de très hautes altitudes. En outre, la présence de hauts plateaux encadrés de chaînes augmentent encore les difficultés (montagnes Rocheuses, Tibet). Malgré toutes ces contraintes, les reliefs de haute montagne sont fortement attractifs pour le tourisme, en hiver comme en été.

Moyennes montagnes

Plissements modestes ou plateaux d'altitude moyenne ne présentent pas les mêmes contraintes de franchissement, surtout lorsque les plis ont été tranchés par l'érosion (Jura, Appalaches aux États-Unis). Les gorges fréquemment creusées dans les plateaux, si elles sont un atout touristique, rendent les infrastructures plus coûteuses. Châteaux d'eau pour les régions environnantes, les montagnes moyennes, souvent massives, ont pu elles aussi jouer à des périodes plus ou moins lointaines un rôle de barrière (Massif central, Oural). Elles contiennent souvent des ressources minières importantes (charbon, métaux).

Les reliefs côtiers

Ils dépendent pour une grande part des structures du relief dont ils sont l'aboutissement, et de la qualité des roches.

Les côtes rocheuses, plus ou moins découpées, sont dangereuses pour la navigation mais offrent aussi le refuge d'anses ou de baies. Depuis l'essor du tourisme, elles sont devenues attractives pour leur pittoresque.

Les côtes à falaises abruptes (Normandie, sud de l'Angleterre, fjords de Scandinavie) sont très peu propices aux installations humaines.

Les côtes basses qui prolongent plaines et bassins, ou que des régressions marines ont dégagées, ne permettent pas aux bateaux de s'abriter, et manquent trop souvent de profondeur d'eau pour qu'on puisse envisager d'y installer des ports. Cependant leur ouverture facile sur l'arrière-pays justifie parfois que des avant-ports permettent aux navires de décharger au large. Leur attractivité touristique est devenue un atout majeur pour un grand nombre de stations balnéaires partout dans le monde.

Se repérer en géographie économique et sociale

La géographie s'est toujours intéressée aux modes de vie et aux relations entre les hommes. Elle a, depuis quelques décennies, abandonné aux sciences dures une partie de ses anciens domaines d'étude et s'est orientée vers les sciences humaines. Les mécanismes économiques, les systèmes de production et d'échanges sont étudiés en s'appuyant sur les données des sciences économiques et de la sociologie. Les évolutions démographiques dont les conséquences sont très importantes, quel que soit le niveau économique d'un pays, sont également étudiées par les géographes.

Démographie

La démographie est la science qui étudie les populations, en particulier sous tous leurs aspects chiffrables : mouvements naturels des naissances, des morts, évolutions sociales, comme celle du mariage, ou de la répartition sexuée des professions. Mais aussi migrations, qu'elles soient momentanées ou définitives. Dans la plupart des pays, des organismes officiels se chargent du recueil et de la publication des informations démographiques. C'est le cas en France de l'Institut national d'études démographiques (INED) et de l'Institut national de la statistique et des études économiques (INSEE). Au niveau mondial, l'ONU et la Banque mondiale fournissent aussi des chiffres, qui donnent en général un état des lieux pour une date ancienne de 2 ou 3 ans, ce qui s'explique par le temps nécessaire au recueil et au traitement des données. La géographie humaine utilise les informations démographiques pour mieux comprendre les situations existantes, et, parfois, prévoir leur évolution.

Mesures

Recensement : consiste à compter la population d'un pays à intervalles réguliers.

Ce sont des opérations longues, coûteuses, et qui mobilisent un grand nombre d'agents recenseurs, en France, plus de 120 000, aussi a-t-on décidé qu'il y aurait des recensements partiels plus fréquents que les recensements généraux qui n'avaient lieu que tous les sept ans. Des collectes annuelles partielles ont commencé en 2004. Les premières populations légales des communes seront établies au terme de cinq collectes, fin 2008 et début 2009. Entre-temps on ne dispose donc que d'estimations et de projections plus ou moins fiables faites à partir de ces estimations. En 2004 la populéion de la France métropolitaine est estimée à 60,2 millions. Avec les quatre départements d'outre-mer, elle atteint 62 millions.

Se repérer en géographie économique et sociale

À la même date, la Chine comptait 1 milliard 300 millions d'habitants, l'Inde 1 milliard, les États-Unis 294 millions, le Brésil 179, la Russie 144, le Nigeria 137.

L'Europe à 25 avait 460 millions d'habitants, elle en compte désormais, à 27, près de 500 millions.

Ces chiffres ne peuvent permettre de comparaisons intéressantes que s'ils sont rapportés à la surface des pays concernés.

> ## Compter, pour faire payer
>
> Dans l'Antiquité, puis au Moyen Âge, il y avait déjà des recensements, mais leur seul objectif était de dresser une liste des contribuables, ou d'hommes capables de servir dans l'armée. C'est seulement au XVIIIe siècle qu'on cherche, dans plusieurs États européens, à faire le compte exact du nombre d'habitants, homme ou femme, jeune ou vieux. En France le premier recensement moderne eut lieu en 1801.

Densité

La densité absolue est le quotient de la population par la superficie du pays. Elle ne tient pas compte des écarts possibles d'une région à l'autre, écarts qui intéressent au premier chef les géographes pour lesquels se sont des indices importants d'activité et de développement. La densité absolue de la France est de 110 habitants au km^2, mais la « petite » région Île-de-France qui n'occupe que 2,2 % du territoire national abrite près de 19 % de la population de la France métropolitaine (plus de 10 millions d'habitants) alors que le Limousin, avec 3 % de l'espace national, n'a que 712 000 habitants. Ces écarts de densité régionale sont particulièrement importants dans les pays de grande superficie, dont les habitants se concentrent souvent dans les zones les plus favorables, comme les côtes ou les plaines ouvertes aux communications.

La Russie a une densité de 9 hab/km^2 sur un territoire de plus de 17 millions de km^2. Le Brésil compte 22 habitants au km^2 pour une superficie de 8,5 millions de km^2. Dans les deux cas, la population n'est pas également répartie. En Russie, on la trouve à l'ouest et au sud tandis que la Sibérie est à peu près vide, au Brésil c'est la côte et le Sud qui concentrent l'essentiel des habitants. Les écarts régionaux sont également grands en Chine (densité 136), mais moindre en Inde (densité 363). Aux États-Unis, si la densité absolue n'est que de 34, la densité régionale est beaucoup plus forte sur les côtes est et ouest.

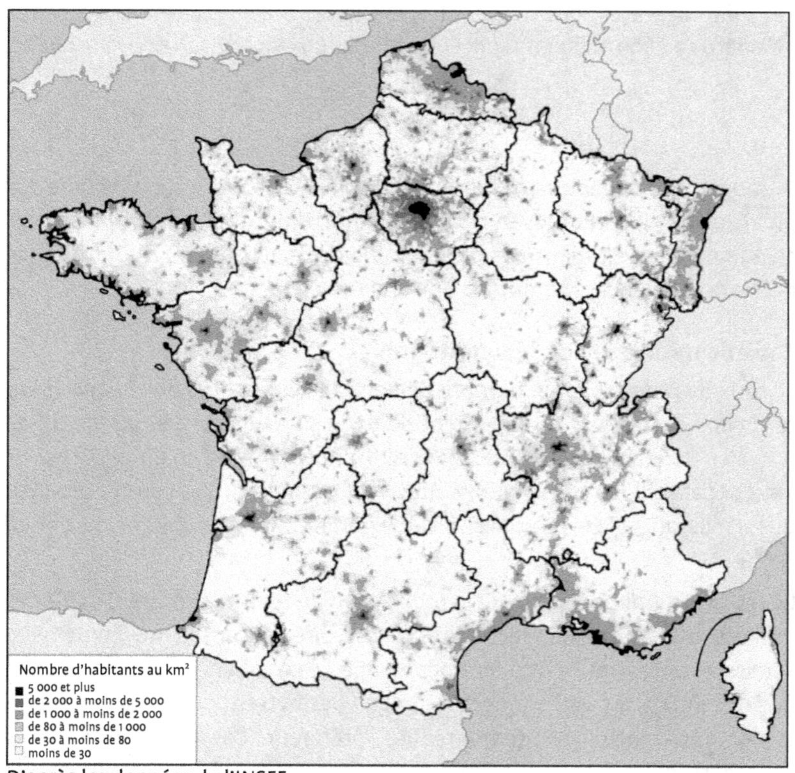

D'après les données de l'INSEE

La densité de la population en France

On trouve aussi des écarts de densité importants dans l'ensemble européen. Les Pays-Bas ont une densité de 481, la Belgique atteint 343, le Royaume-Uni 247 et l'Allemagne 231, mais la Suède ne compte que 22 habitants au km², l'Espagne 86 et la Norvège 15.

Il faut se méfier des moyennes

Si l'Algérie a une densité absolue de 14 hab/km², c'est parce qu'une grande partie de son territoire fait partie du désert saharien.

Une des plus faibles densités du monde est celle de la Mongolie : 2 hab/km².

Et l'une des plus fortes, sinon la plus forte, celle de la Principauté de Monaco : 32 500 habitants sont entassés sur 1,95 km² (D= 16 660 hab/km²).

Taux

Démographes et géographes utilisent des taux qui permettent de faire des prévisions à court et moyen terme. Ils autorisent aussi les comparaisons, ce que ne permettraient pas par exemple les seuls chiffres du nombre de naissances ou de morts durant une année.

Taux de natalité et de fécondité

Le taux de natalité est le nombre de naissances vivantes pour 1 000 habitants en un an. Il est actuellement de 9 ‰ en Allemagne et au Japon, de 10 ‰ en Italie et en Russie, de 13 ‰ en France, de 12 ‰ en Chine. Certains pays dépassent les 20 ‰ : Bangladesh 30 ‰, Inde 25 ‰, comme le Mexique, Pakistan 34 ‰, Éthiopie 41 ‰, Nigeria 42 ‰, République du Congo 46 ‰.

Le taux de natalité dépend de la proportion de femmes en âge d'avoir des enfants, mais le taux de fécondité, c'est-à-dire le nombre moyen de naissances vivantes pour 1 000 femmes en âge de procréer en un an, ne donne que des indications très générales, qui ne permettent guère les extrapolations. Géographes et démographes préfèrent connaître l'indicateur conjoncturel de fécondité. Il mesure le nombre d'enfants qu'aurait une femme, si les taux de fécondité observés l'année considérée restaient inchangés, pour chaque classe d'âge.

On voit bien la difficulté d'utiliser de telles mesures : rien n'assure que les générations auront, dans l'avenir, les mêmes taux de fécondité par âge que l'année observée.

Trop... ou pas assez d'enfants ?

Quelques exemples d'indicateurs conjoncturels de fécondité (2006)

Pologne	1,2	R.U.	1,7	Turquie	2,5
Allemagne	1,3	Chine	1,7	Inde	3,1
Espagne	1,3	Pays-Bas	1,8	Égypte	3,2
Italie	1,3	France	1,9	Pakistan	4,8
Japon	1,3	États-Unis	2	Éthiopie	5,9
Russie	1,4	Irlande	2	République du Congo	6,8

Cet indice permet de prévoir s'il y aura, ou non, renouvellement (ou remplacement) des générations, à condition que la situation n'évolue pas. Il faut que l'indicateur atteigne 2 ou 2,1 pour que ce renouvellement ait lieu. La France, qui se trouvait dans une situation proche de ce chiffre en 2004, a vu depuis son taux de natalité augmenter, et elle a presque rejoint l'Irlande dans le peloton de tête des pays européens. Des populations vieillissantes auront évidemment un indice de fécondité plus bas. À l'intérieur même d'un pays on peut donc voir des écarts significatifs. En France, le Limousin, dont 30 % de la population a plus de 60 ans, a un indice de 1,5 tandis que l'Île-de-France ou le Pas-de-Calais, aux populations plus jeunes, ont des indices de 1,9 ou légèrement plus.

Taux de mortalité et espérance de vie

Le taux de mortalité est le nombre de décès durant une année, rapporté à la population moyenne de cette année dans un pays ou une région donnée.

Ce taux dépend de la moyenne d'âge d'une population : le Limousin a un taux de mortalité de 13 ‰ et l'Île-de-France n'atteint pas 7 ‰. Mais il dépend surtout des conditions de vie, plus ou moins difficiles, et d'une façon générale du niveau de vie. Le taux de mortalité est en France de 8 ‰, en Angola de 24 ‰. C'est particulièrement vrai pour la mortalité infantile, rapport entre le nombre de décès à moins d'un an et le nombre d'enfants nés vivants. Elle est de 4 ‰ en France, de 3 ‰ au Japon, 7 ‰ aux États-Unis, mais de 100 ‰ au Nigeria, 127 ‰ au Mozambique, 145 ‰ en Angola. La Chine voit mourir 32 enfants sur mille et l'Inde 64.

Se repérer en géographie économique et sociale

La notion d'espérance de vie, très significative de la situation d'un pays, est cependant difficile à interpréter. Si on tient compte de l'espérance de vie à la naissance, on obtient une image très générale, qui peut être faussée, entre autres, par la mortalité infantile : les enfants qui ont franchi leur première année ont une espérance de vie plus longue que celle de l'ensemble des nouveau-nés.

> **Une espérance plus ou moins grande**
>
> Si en France l'espérance de vie est de 77 ans pour les hommes et de 84 ans pour les femmes en 2004, elle n'est, pour l'ensemble de la population que de 41 ans en Angola ou en Sierra Leone, de 42 ans au Mozambique, de 55 ans à Madagascar, 63 ans en Inde. Le pays où l'espérance de vie est la plus longue est le Japon : elle atteint presque 82 ans.

Les pyramides des âges

Elles représentent graphiquement les effectifs d'une population par tranches d'âge. En général les femmes sont représentées à droite, les hommes à gauche. Sur l'axe horizontal sont indiqués les effectifs et sur l'axe vertical les tranches d'âge. Plus ces tranches d'âge sont fines, de 5 ans en 5 ans par exemple, plus la pyramide est précise.

La pyramide n'ajoute pas de connaissances supplémentaires, mais elle rend concrètes les statistiques. Une pyramide à base large indique une population jeune. Si la base est rétrécie cela correspond à une natalité en baisse. Le vieillissement est bien visible si le sommet de la pyramide ne s'affine que tardivement, au-delà de 70 ou même 80 ans.

Des creux correspondant à telle ou telle tranche d'âge signalent un déficit de naissances, ou une brusque mortalité due à une guerre ou une épidémie. Ce sont des moments démographiques conjoncturels, et non des évolutions durables. Un déficit de naissances à un moment x générera sans doute un creux, de plus de plus ou moins grande importance pour la génération suivante.

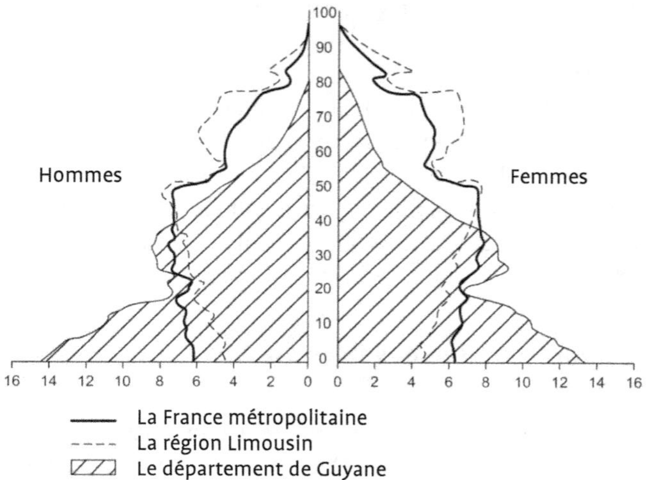

Des exemples de pyramides des âges en 2000

L'échelle de l'axe horizontal ne donne pas les valeurs absolues des effectifs de chaque tranche, mais le % qu'elles représentent par rapport à la population totale de la France, du Limousin ou de la Guyane. On voit que la population du Limousin est plus âgée que l'ensemble de la population métropolitaine : la pyramide est renflée pour les générations nées entre 1920 et 1940. À l'inverse elle est réduite pour les générations qui ont moins de 30 ans.

Les deux pyramides métropolitaines révèlent bien la longue durée de vie des femmes et les déficits de naissances de l'après première guerre mondiale (génération qui a 80 ans en l'an 2000) même si le vieillissement général de la population tend à faire disparaître progressivement ce creux.

Le département de Guyane offre une pyramide des âges proche de celles des pays en voie de développement par sa base très large. Le taux de fécondité est de 3,8 enfants par femme en âge de procréer et la moitié de la population a moins de 25 ans. La forte natalité résulte pour une part de la fécondité des femmes immigrées, venues du Surinam, du Brésil ou des pays Caraïbes comme Haïti.

L'évolution de la population mondiale

Augmentation

Il est indéniable que la population mondiale est en augmentation. En 1804, elle a probablement dépassé, pour la première fois dans l'histoire de l'humanité, le milliard d'individus. En 1927, elle a atteint 2 milliards. Les chiffres de 3, 4, 5 et 6 milliards ont été à leur tour franchis en 1960, 1974, 1987 et 1999. Cette accélération correspond à la première phase de ce que l'on appelle la « révolution », ou la « transition démographique ».

> **Une évolution souvent observée : la transition démographique**
>
> Dans une première étape, la mortalité chute fortement grâce aux progrès médicaux, économiques et sociaux. Lors de cette étape, le taux de natalité reste élevé. Pendant deux ou trois générations, la population s'accroît très vite. Ensuite le taux de natalité baisse à son tour : les deux taux (natalité et mortalité) s'équilibrent alors, mais à un niveau plus bas qu'avant.

C'est au XIXe et au début du XXe siècle que l'Europe a connu sa transition démographique. La première phase explique en partie l'immigration européenne du XIXe siècle, qui servait d'exutoire à un surplus de population. À l'heure actuelle, l'Afrique et beaucoup de pays d'Asie vivent cette première phase d'augmentation rapide du peuplement, mais il y a déjà un début de rééquilibrage : si la mortalité a baissé, la natalité commence, elle aussi, à diminuer.

Le futur

Les prévisions des démographes sont moins apocalyptiques qu'elles ne l'étaient il y a quelques années. À l'horizon 2050, ils envisagent une stagnation ou une diminution de la population européenne. La Russie et l'Ukraine, en particulier, sont menacées d'un « effondrement démographique ». Les deux parties du continent américain croîtraient à un rythme ralenti, tout comme l'Asie, tandis que l'Afrique connaîtrait un doublement de sa population.

À savoir

Entre 1500 et 1990 la population de l'Asie est passée de 250 millions d'habitants à plus de 3 milliards 600 millions.

Rien ne peut cependant assurer que ces prévisions se réaliseront. On sait, par exemple, qu'en vingt ans l'espérance de vie des habitants a chuté de près de 20 ans dans les dix pays qui forment le sud du continent africain. Bien qu'en paix relative, et propriétaires d'importantes ressources naturelles, ils sont parmi les dix pays du monde où l'on meurt le plus jeune, en grande partie à cause du sida. Au Botswana, 40 % de la population serait porteuse du virus, 35 % au Lesotho ou au Swaziland, 11 % en Afrique du Sud.

Au Botswana, au Zimbabwe et en Zambie 16 à 20 % des moins de 18 ans sont orphelins, dont plus de la moitié à cause du sida. Dans les pays les plus pauvres, en particulier en Afrique subsaharienne, le paludisme et la tuberculose emportent chaque jour 3 000 à 6 000 enfants. Cette forme terrible de régulation démographique disparaîtra si les pouvoirs politiques et économiques engagent sérieusement la lutte contre ces fléaux.

D'autres constatations expliquent la prudence des démographes lorsqu'il s'agit de prévoir des évolutions. Partout dans le monde, il naît plus de garçons que de filles, mais les chiffres s'équilibrent rapidement car la mortalité infantile des filles est inférieure à celle des garçons. Ce n'est pas vrai partout. En Asie (Chine, Inde, Bangladesh, Pakistan), la mortalité infantile des filles est supérieure à celle des garçons : 47 ‰ pour les unes, 35 ‰ pour les autres, alors qu'en Europe, par exemple, il meurt 10 ‰ filles pour 13 ‰ garçons, avant 1 an. Cela s'explique : les filles sont, en Asie, moins vaccinées, moins bien nourries et d'une façon générale moins bien traitées que les garçons, d'où cette inversion des taux de mortalité. C'est d'autant plus grave que grâce aux avortements sélectifs il naît beaucoup moins de filles que de garçons. En Europe ou en Amérique, au-delà d'un an, il y a entre 90 et 97 garçons pour 100 filles. En Chine, Inde ou Pakistan, la proportion est inversée, il y a entre 104 et 106 garçons pour 100 filles.

Les gouvernements commencent d'ailleurs à s'inquiéter de cet aspect, très culturel, de leur démographie : les couples préfèrent les garçons qui transmettent le nom et prennent les vieux parents en charge, tandis que lorsqu'on marie une fille il faut payer une dot à la belle-famille.

Les inégalités de peuplement

Il y a dans le monde des zones très peuplées, des foyers de peuplement, et des zones vides, ou presque vides.

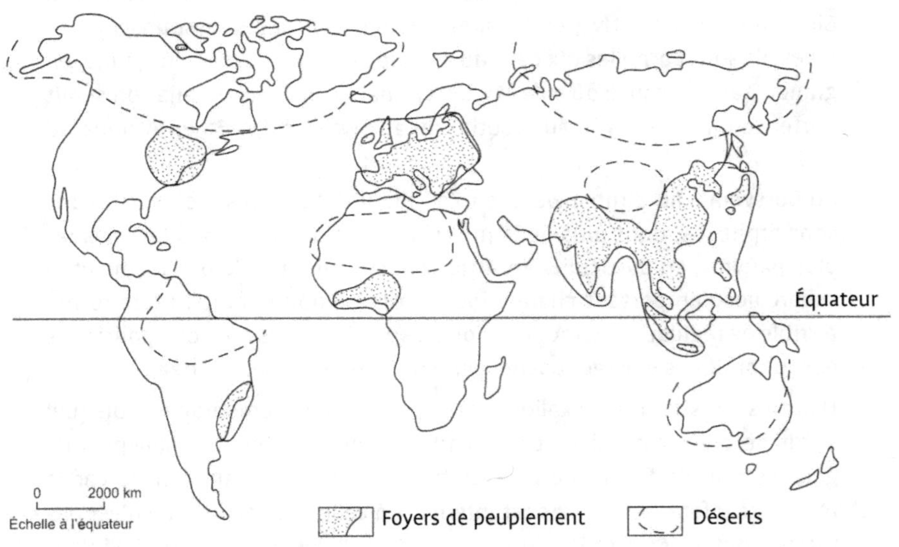

Les régions les plus et les moins peuplées du monde

On a pensé pendant longtemps qu'il fallait chercher l'origine de ces contrastes dans les conditions naturelles, climat et/ou relief. Il est vrai que les régions arides, ou de très haute altitude, sont peu propices au peuplement. L'explication est cependant insuffisante, puisque des conditions naturelles identiques peuvent donner des peuplements différents : les deltas asiatiques tropicaux sont très peuplés, ce qui est loin d'être le cas en Afrique ou en Amérique. L'aridité elle-même n'est vraiment dissuasive que si on ne dispose pas de possibilités techniques et financières. Le grand Nord sibérien ou les déserts chauds se peuplent dès qu'il s'agit d'exploiter une voie de commerce et des gisements pétroliers. C'est l'histoire, surtout, qui a déterminé des zones de fortes ou de faibles densités. Le choix d'un type d'agriculture, irriguée ou sur brûlis par exemple, explique certaines densités rurales, fortes dans le premier cas, faibles dans le second.

Le développement de l'urbanisation, l'évolution des transports sont aussi des facteurs explicatifs importants.

Le surpeuplement et le sous-peuplement sont des notions relatives : si la densité correspond aux ressources disponibles et permet croissance et développement, on ne peut parler ni de sur ni de sous-peuplement. On peut considérer que l'Australie (densité 3 hab/km²) est sous-peuplée et les Pays-Bas (densité 481 hab/km²) surpeuplés. Mais dans les deux cas le niveau de vie et les perspectives sont très positifs. Cependant un pays peut souhaiter attirer des immigrants, tandis qu'un autre, en difficulté économique, ou politique, deviendra un foyer d'émigration.

> **Les problèmes de la surexploitation de la terre**
>
> Dans les régions du Sahel, au sud du Sahara, la population a doublé au cours des 20 ou 25 dernières années. Les superficies cultivées en mil et en sorgho ont, de ce fait, augmenté de 50 %... mais les rendements ont stagné. La durée des jachères diminue et les sols s'appauvrissent.

Les migrations

Ce sont des mouvements de population plus larges que les mouvements pendulaires, frontaliers, hebdomadaires ou saisonniers.

Les migrations peuvent être internes à un pays : certaines régions, devenues répulsives, se vident au profit de régions attractives, souvent côtières et/ou urbaines.

Mais le plus souvent les migrations sont internationales. Des habitants quittent leur pays, deviennent des émigrants du point de vue de leur pays d'origine, et vont s'établir ailleurs, dans un pays où ils sont, cette fois, considérés comme des immigrants.

Se repérer en géographie économique et sociale

Pays de départ, pays d'accueil, en 2006	
Solde négatif, en milliers (départs)	**Solde positif, en milliers (arrivées)**
Mexique 2 000	États-Unis 5 800
Chine 1 950	Espagne 2 025
Pakistan 1 810	Allemagne 1 100
Inde 1 400	Canada 1 050
Iran 1 370	Royaume-Uni 686
Indonésie 1 000	Italie 600
Philippines 900	Australie 500

À ces chiffres, il faut ajouter les personnes déplacées, volontairement ou non, à l'intérieur de leur propre pays. Plus de 5 millions d'entre elles sont sous la protection du Haut-Commissariat des Nations unies pour les réfugiés (HCR), mais on estime que 20 ou 30 millions ne bénéficient d'aucune protection, par exemple en Indonésie, en Ouganda, en République démocratique du Congo, au Soudan. Les populations qui ont passé une frontière et sont reconnues comme réfugiées au sens des conventions de l'ONU se rencontrent surtout au Moyen-Orient et en Asie.

Pourquoi partir ?

Les raisons de partir sont multiples, politiques (on quitte un pays dont on désapprouve le régime ou qui devient dangereux), religieuses (on fuit les persécutions, ou les situations de minorité), économiques. Cette dernière raison est de loin la plus importante actuellement. Le chômage, la misère, l'espoir de trouver mieux ailleurs poussent à partir, souvent dans des conditions très difficiles.

D'après l'ONU, le monde comptait plus de 190 millions de migrants fin 2005.

De nombreux pays du Sud ont un solde migratoire négatif, ils perdent plus d'émigrants qu'ils n'accueillent d'immigrants. Ce sont les pays du Nord qui accueillent ces migrants.

Les migrations internationales

Régions de départ

Pays d'accueil

1 – Mexique
2 – Amérique centrale et Caraïbes
3 – Pérou et Colombie
4 – Bolivie et Paraguay
5 – Afrique de l'Ouest
6 – Afrique du Nord
7 – Égypte
8 – Asie centrale
9 – Afrique australe
10 – Inde
11 – Asie du Sud-Est
12 – Chine

Se repérer en géographie économique et sociale

Un pays qui voit partir certains de ses habitants peut courir un risque de vieillissement puisque ce sont le plus souvent les jeunes qui partent, ou même de dépeuplement.

Le pays qui les reçoit est loin d'être toujours prêt, matériellement et socialement, à les accueillir. Les tensions sociales sont particulièrement vives si les immigrés arrivent en période de chômage. Les conséquences positives sont à l'inverse nombreuses. Pour le pays émetteur, c'est une façon d'éviter le surpeuplement, de recevoir de l'argent, envoyé par les émigrés, d'accélérer son développement, grâce à cet apport financier et éventuellement au modèle économique transmis par les émigrés, qu'ils reviennent ou non au pays. Recevoir des immigrés peut accélérer le développement et la croissance dans les pays qui manquent de main-d'œuvre, en particulier pour les tâches difficiles. C'est aussi l'occasion d'un métissage culturel positif.

Les politiques d'immigration

Les politiques envers l'immigration varient d'un pays, et d'une époque, à l'autre.

En France, par exemple, une ordonnance a fixé en 1945 les règles d'entrée et de séjour. En 1960, une procédure de régularisation du regroupement familial est mise en place. En 1974, l'immigration de travailleurs est suspendue. En 1980, entrée et séjour irréguliers sont des motifs d'expulsion. En 1981, les expulsions sont suspendues, 132 000 immigrés ayant un contrat de travail sont régularisés. En 1984, les conditions de séjour sont restreintes, les reconduites à la frontière facilitées. En 1993, le droit d'asile est limité ; 80 000 régularisations, en 1998, concernent les déboutés du droit d'asile, les parents d'enfants français, les étrangers malades. En 2003, l'asile territorial, accordé aux étrangers menacés de « traitements inhumains et dégradants » dans leur propre pays, est supprimé.

Le jeu de dominos des migrations

En Roumanie, le départ de nombreux émigrés – 3 millions sont partis pour d'autres pays européens – explique que des entreprises fassent appel à l'immigration chinoise : 10 000 Chinois se sont installés à Bucarest, et on voit se développer des quartiers chinois.

L'argent circule

Les flux financiers générés par l'émigration sont très importants. L'argent des travailleurs émigrés est la seconde source de financement externe pour beaucoup de pays d'Europe orientale et d'Asie centrale. Il représente 27 % du PIB de la Moldavie, 22 % pour la Bosnie-Herzégovine, 16 % pour l'Albanie, 13 % pour le Tadjikistan, 12 % pour l'Arménie, etc.

Certains économistes pensent qu'un départ définitif des migrants pourrait dans dix ou vingt ans contraindre ces pays à faire venir de la main-d'œuvre d'Afrique ou d'Asie. Ils suggèrent qu'il faut favoriser une émigration « circulaire » avec retour au pays de départ.

Développement

Le terme développement, même s'il est facilement compris par tous, répond à des définitions différentes, suivant qu'on l'utilise en économie, ou dans un sens plus géographique. Dans le premier cas c'est une expansion, le plus souvent industrielle, comme au XIXe siècle, qui fournit des richesses supplémentaires et améliore globalement le niveau de vie, même si le partage de ces gains ne se fait pas de façon équitable. Dans le second cas le développement dont il s'agit est celui qui touche directement les hommes et leur espace. Il s'agit alors de trouver des instruments de mesure du « développement humain », de décrire quelles sont les régions qui se développent le mieux, les « centres », et celles qui restent plus ou moins à la traîne, les « périphéries ». Le géographe s'intéresse aussi aux raisons du développement, et aux conséquences, parfois contradictoires, qu'il entraîne, comme la succession de périodes de croissance et de crise.

PIB, PNB et autres mesures

PIB et PNB

Pour établir des comparaisons, entre pays et entre zones, il faut trouver des points de comparaison et les moyens de les mesurer partout de la même façon. Les économistes et les géographes utilisent le plus souvent le PIB et PNB.

PIB : produit intérieur brut. Il représente la valeur ajoutée (différence entre la valeur des biens produits et celle des biens nécessaires à leur production) par tous les agents économiques, nationaux ou étrangers, en un an, sur le territoire.

PNB : produit national brut. Il se calcule en ajoutant au PIB les revenus réalisés à l'étranger et rapatriés, et en retranchant les revenus réalisés dans le pays qui sont ensuite partis à l'étranger.

Se repérer en géographie économique et sociale

Pour les calculer, il faut disposer de statistiques complètes et fiables, ce qui n'est pas possible pour tous les pays du monde. Elles sont en général fournies par de grands organismes internationaux comme l'ONU, l'OCDE, ou la Banque mondiale.

On obtient alors un classement très sommaire, et très discutable, car il ne tient pas compte, entre autres, de la dimension du pays, ni de la part occupée par les ressources énergétiques.

Sur 227 pays, on en trouve 57 qui ont un PNB supérieur à 50 milliards de dollars. 56 pays ont un PNB compris entre 7 et 50 milliards de dollars ; 50 autres pays disposent de 1,5 à 7 milliards de dollars de PNB. Enfin, les 53 pays les moins bien classés ont un PNB inférieur à 1,5 milliard de dollars.

Les insuffisances de ce type de classement apparaissent clairement quand on retrouve dans la première catégorie, celle des plus riches, les États-Unis, numéro 1 mondial en 2004, la France (6e rang), la Malaisie, la Roumanie, ou le Nigeria qui devance le Koweït, dernier du classement de cette catégorie.

Dans le groupe des plus pauvres, on trouve Djibouti ou le Bhoutan, ce qui n'étonne pas, mais aussi Andorre ou Monaco.

Il est beaucoup plus intéressant de mesurer le PNB par habitant, qui s'obtient en divisant le PNB global par le nombre d'habitants. Le classement est alors bien différent. Les États-Unis ne sont qu'au 4e rang, mais Monaco est au 14e (au lieu du 178e), et Andorre au 36e (au lieu du 170e)

Il est cependant imprudent de se fier aveuglément aux statistiques. Pour certains pays les chiffres manquent, leur recueil est douteux, leur validité incertaine. Mais surtout, dès qu'il y a interprétation, ou représentation graphique, des chiffres, le lecteur peut être, volontairement ou involontairement, manipulé ou trompé ! Comme l'a écrit Gregg Easterbook : « Torturez les nombres, ils avoueront tout ce que vous voudrez. » Aussi devant un tableau statistique, une courbe, un graphique en barres, ou un « camembert », il faut toujours chercher la source des chiffres : un organisme international est, en principe, plus fiable que le gouvernement d'un pays ou qu'un seul journaliste. Il faut aussi se demander d'où provient l'impression que donne le graphique ou la courbe, réfléchir au sens que peut avoir le choix d'une échelle, d'une durée, d'un type de %. Quand une corrélation apparaît, il ne faut pas, enfin, y voir automatiquement une relation de cause à effet.

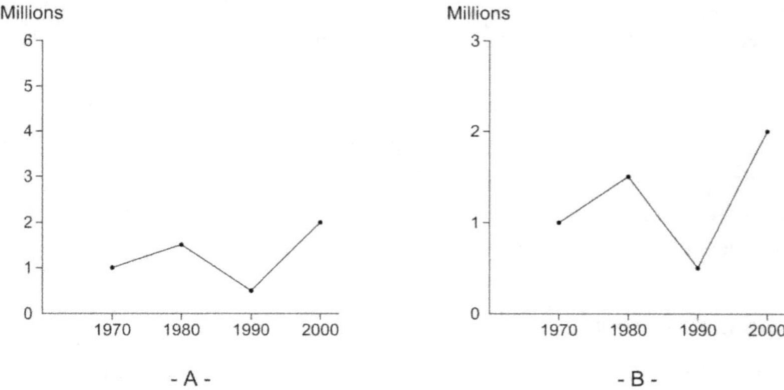

L'importance d'un changement d'échelle

Les deux graphiques sont construits à partir des mêmes données : l'évolution du chômage en nombre de chômeurs, sur trente ans, dans un pays imaginaire. Les deux représentations donnent, au premier regard, des impressions bien différentes. Des évolutions modestes en A, chaotiques et plutôt catastrophiques en B, lorsque l'échelle du temps est resserrée, et celle du nombre de chômeurs différente.

Le lecteur – outre les questions qu'il peut se poser sur les chiffres eux-mêmes (chômeurs de longue durée ? jeunes ou vieux ? hommes ou femmes ?) – doit donc être, ici, très attentif aux échelles choisies.

Les surprises de la division des richesses

La Chine est globalement riche, elle se situe au 5e rang mondial pour le PNB, mais si l'on divise ce PNB par le nombre d'habitants (1,4 milliard), elle se retrouve au... 147e rang, avec 1 500 dollars par habitant, contre 30 370 pour la France.

Se repérer en géographie économique et sociale

Ces mesures, pour utiles qu'elles soient, ne tiennent pas compte des inégalités dans la répartition des revenus : les 1 500 dollars du PNB par habitant de la Chine ne sont qu'une moyenne entre des entrepreneurs ou spéculateurs très riches et des paysans souvent très pauvres. D'autre part, d'un pays à l'autre, le dollar, choisi pour exprimer le PNB, n'a pas la même valeur réelle : un dollar aux États-Unis est une somme très modique alors que dans un pays pauvre il permettra bien davantage d'achats.

Les Nations unies ont cherché un indicateur qui cerne la réalité humaine de plus près. L'Indicateur de développement humain (IDH) tient compte du pouvoir d'achat, du niveau d'éducation, de l'espérance de vie. Mais cet indicateur ne mesure pas les écarts de revenus, suivant les catégories sociales, et suivant les sexes.

Un classement significatif

Si on utilise les critères de l'IDH, les trois premiers pays sont la Norvège, l'Islande et l'Australie. Les États-Unis ne sont qu'au 8e rang, les pays de l'Europe de l'Ouest se situent dans les vingt premiers. La Chine occupe le 81e rang, l'Inde le 126e et le Japon le 7e. L'Afrique est le continent le plus mal classé, au-delà du 150e rang pour l'Afrique subsaharienne, à l'exception de l'Afrique du Sud (121e rang).

Classements et inégalités

En utilisant les mesures de PIB, PNB, PNB par habitant, IDH et d'autres critères, comme l'accès à l'eau, la mortalité infantile, le travail des enfants, géographes et économistes déterminent de grandes catégories. Leurs limites sont la plupart du temps difficiles à définir, et il y a une perméabilité certaine entre les catégories : un pays peut, pour des raisons conjoncturelles (aléas climatiques, problèmes politiques...) rétrograder dans ce type de classement. D'autres pays peuvent, à l'inverse, entrer, pour des raisons structurelles, dans une catégorie mieux située, et espérer y demeurer.

On distingue ainsi les pays bien développés, en majorité les plus riches et les mieux organisés politiquement et socialement. À l'opposé, les pays en voie de développement regroupent les régions du monde les moins riches.

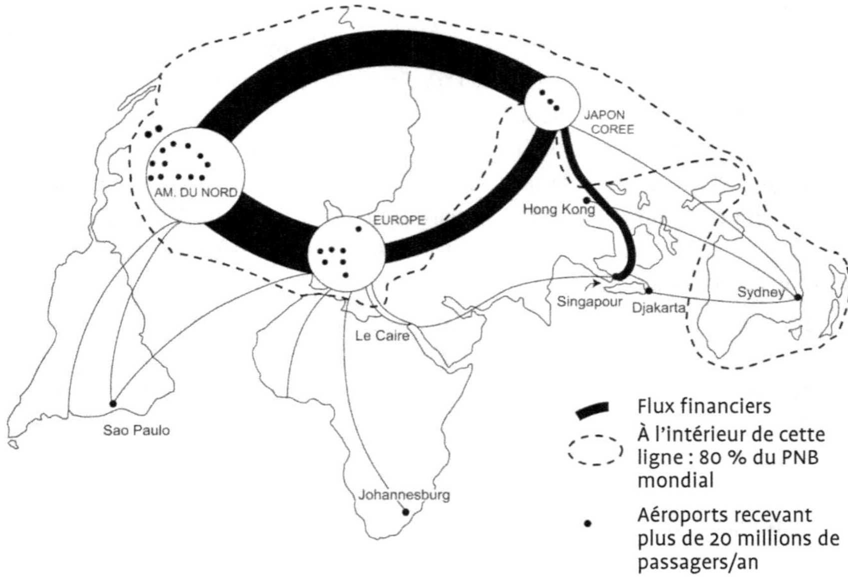

Riches et pauvres

Comme les pays développés se trouvent dans l'hémisphère Nord – à l'exception de l'Australie et de la Nouvelle-Zélande – on parle aussi de « pays du Nord » opposés aux « pays du Sud ». À l'intérieur de ce classement, on peut nuancer. Il y a les nouveaux pays industriels (NPI) particulièrement brillants, et en mesure d'entrer dans la catégorie des « bien développés » : la Corée du Sud par exemple est au 26e rang pour l'IDH, et Singapour au 25e. D'autres pays, au contraire, les pays les moins avancés (PMA), stagnent dans une situation de précarité politique, économique et sociale.

Des inégalités criantes

Les Norvégiens sont quarante fois plus riches, en moyenne, que les Nigériens. Ils vivent beaucoup plus longtemps, leur espérance de vie est de 80 ans contre 43,5 ans au Niger. Et ils vont tous à l'école alors que ce n'est le cas que pour 21 % des Nigériens.

Tiers et quart-monde

En 1952, pour la première fois, on emploie le terme de « tiers-monde ». C'est par allusion au tiers état, lors de la Révolution française, que le démographe français Alfred Sauvy forge ce mot nouveau. D'un point de vue géopolitique, il y avait aussi là une allusion à la situation de ces pays pauvres confrontés au double modèle, américain et capitaliste d'une part, soviétique et collectiviste d'autre part. Depuis, la configuration du monde a changé, mais le mot est resté, comme synonyme de pays pauvre plus ou moins abandonné.

Le vocabulaire s'est plus tard enrichi avec le mot « quart-monde » créé sur le modèle de tiers-monde, pour qualifier les populations les plus pauvres des pays bien développés. Ces poches de précarité et misère se rencontrent même dans les pays les plus riches. Souvent discrètes et dissimulées, elles sont repérées par le géographe dans l'existence de bidonvilles, d'immeubles ou quartiers abandonnés ou squattés, de zones sans infrastructures ou avec des infrastructures délabrées.

Croissance

Elle se mesure par les chiffres de la production d'un pays et son PIB. On ne peut cependant parler de croissance que si la production, les investissements, les revenus et la consommation augmentent de façon durable et soutenue. Une simple augmentation conjoncturelle, surtout si elle ne touche pas l'ensemble des indicateurs, ne peut être qualifiée de croissance.

C'est le XIXe siècle qui a vu naître la notion de croissance appuyée sur l'observation de la révolution industrielle. Pour les pays de l'Europe de l'Ouest l'après seconde guerre mondiale fut aussi une période de croissance.

Dans le meilleur des cas, quand la croissance aboutit à une prospérité plus ou moins partagée, elle entraîne des conséquences dont le géographe doit tenir compte : changements économiques et sociaux, amélioration, visible dans le paysage, des infrastructures et de l'habitat, multiplication des sites de production ou/et déplacements de ces sites vers les marchés de consommation, ou vers les zones d'échanges comme les ports, etc.

La croissance peut être un bon indicateur des évolutions en cours. En 2006, la Chine, l'Inde et la Russie ont eu un taux de croissance largement supérieur à celui des vieux pays industrialisés. Mais cela ne veut pas dire qu'ils sont en passe de dominer la géographie économique du monde. D'abord parce que cette croissance correspond à des situations de départ médiocres ou mauvaises. Ensuite parce que ces trois pays réunis ne représentent que 7,7 % du PIB mondial contre 28,4 pour les États-Unis et près de 20 % pour l'Europe de l'Ouest.

Ce que le géographe cherche à mesurer, ce sont les effets de la croissance sur les paysages, sur la répartition des hommes, sur les types d'activités qu'ils exercent. Mais il faut souvent chercher d'autres explications aux conditions de vie et aux évolutions.

La croissance ne fait pas toujours le bonheur

La Chine a eu, en 2006, un PIB en croissance de 9,9 %. Mais ce n'est pas une croissance équitable. Le revenu disponible dans les campagnes (750 millions d'habitants) est égal à seulement un tiers de celui des villes ; 200 millions de Chinois vivent avec moins de 1 dollar par jour. Les dépenses de santé (0,9 % du PIB) et d'éducation (3,1 %) sont en baisse.

Crise

Il s'agit d'une rupture, souvent, mais pas toujours, brutale dont les conséquences peuvent être dramatiques. Les crises peuvent être des accidents de la croissance, de faible durée, ou des phénomènes plus lents, mais qui s'étalent dans le temps, on parle alors plutôt de récession. D'un point de vue économique, les crises sont des phénomènes récurrents, dont on repère bien les causes, et pour lesquels on dispose d'un certain nombre de remèdes. La crise donne alors l'occasion de moderniser infrastructures et technologies, elle est, pour certains, un catalyseur d'évolution positive.

Les géographes, s'ils ne contestent pas ce point de vue, mesurent les effets négatifs des crises, dans les paysages comme dans l'organisation des sociétés. Les difficultés industrielles, quelles que soient leurs origines, ont des conséquences sur l'habitat des anciens employés devenus chômeurs, qui ne sont plus en mesure de l'entretenir, ou l'abandonnent. Les usines laissent la place à des friches industrielles. De la même façon, les crises de mévente agricole se traduisent par des friches, des jachères et l'augmentation des surfaces réservées à la forêt.

Dans les pays en voie de développement, les périodes de crise économique entraînent une aggravation de la misère, des troubles sociaux, des phénomènes d'émigration. Les crises politiques qui en sont les conséquences, et parfois la cause, peuvent amener des groupes de population à se déplacer, ou/et à se retrouver dans des camps de réfugiés.

Pourtant l'économie d'un pays peut résister à une crise politique, s'il existe quelques facteurs favorables. La Côte d'Ivoire a connu une guerre civile larvée de 2003 à mars 2007. Mais le cacao, qui se vend bien, et la mise en exploitation d'un important gisement pétrolier ont permis de contenir le déficit et l'inflation, et les grands groupes internationaux dont plusieurs français (Total, Bolloré, Bouygues...) sont restés. Économistes et géographes soulignent la part des ressources naturelles dans cette résistance à la crise. On peut ajouter que les perspectives de ce pays, qui représente 40 % du PIB de l'Afrique de l'Ouest, incitent les organismes internationaux, comme la Banque mondiale, et les multinationales, à donner de l'argent (la Banque mondiale a donné 100 milliards de dollars), ou à investir. Un pays dépourvu de ressources naturelles aurait probablement plus de difficultés à trouver de l'aide.

Un des problèmes posés par les crises dans un monde où l'information, les matières premières et les produits finis circulent très vite est l'amplification géographique, l'expansion des phénomènes. Les crises se transmettent plus facilement que les progrès de la croissance.

Un élargissement spatial peut cependant favoriser la croissance et aider à prévoir ou même à éviter les crises. L'Europe a rattrapé les États-Unis en 1986, en partie grâce à l'entrée de l'Espagne et du Portugal, et les a devancés en 1990 (réunification de l'Allemagne) et davantage depuis 2004. Même si la croissance de l'Union européenne est plus faible que celle des États-Unis, l'arrivée de nouveaux pays en 2004 et 2007 a largement permis de compenser cet écart.

> **Il ne faut pas confondre crise et récession**
>
> L'Union européenne rassemble 27 états et 493 millions de consomma-
> teurs. Le PIB de l'Europe a été multiplié par 8,5 depuis 1960. Le marché
> des États-Unis compte 295 millions de consommateurs et le PIB de ce
> pays a été multiplié par 5 depuis la même date. Les deux grands espaces
> économiques n'ont connu, depuis la seconde guerre mondiale, aucune
> véritable crise, seulement des récessions.

État

Les États interviennent dans la gestion de la croissance et des crises. Un géographe ne peut donc pas décrire la situation économique et sociale d'un pays sans connaître l'ampleur et les caractéristiques du rôle de l'État dans ce pays. Les États, quelles que soient leur forme et leurs options politiques, interviennent par des législations, restrictives, incitatives, ou simplement permissives.

Protectionnisme ou libéralisme

Ainsi, pendant plusieurs décennies, les gouvernements indiens ont suivi des politiques protectionnistes, en contrôlant, par exemple, strictement les investissements étrangers, et l'Inde est très peu présente dans le commerce international auquel elle participe pour 1 % en 2006-2007.

La Chine a une politique différente, elle attire les investissements étrangers, mais le gouvernement exige qu'ils s'accompagnent de transfert de technologie.

Devant les progrès de la recherche chinoise, le Japon a décidé de rapatrier les fabrications « sensibles » qu'il avait installées en Chine. Quant aux États-Unis, ils maintiennent des restrictions très strictes sur les exportations de produits de haute technologie en direction de la Chine.

À l'intérieur de ses frontières, un État peut aussi intervenir, par exemple en créant des zones protégées – comme le littoral en France – ou en soutenant des régions en crise.

Se repérer en géographie économique et sociale

Au Brésil, le gouvernement a créé des aires écologiques protégées en Amazonie, mais devant la multiplication des routes clandestines il est en train de changer de politique : pour préserver la forêt, il vaut mieux contrôler son exploitation en créant des concessions forestières, et des routes, légales.

Quand l'État veut donner un coup de pouce

Le gouvernement français a lancé en novembre 2004 un programme de pôles de compétitivité qui doivent revitaliser des territoires ; 73 projets ont été retenus en mai 2006. Ils recevront 115 millions d'euros de l'État, et 60 millions d'euros des collectivités locales. Ces pôles portent sur la santé, l'écologie, la recherche scientifique... et tiennent compte des capacités et des spécialités des régions concernées.

L'aide au développement

Les États peuvent aussi aider d'autres États, en cas d'urgence : sécheresse, tsunami, famine, mais aussi de façon plus régulière. C'est « l'aide publique au développement » qui est passée de 78 milliards de dollars en 2004 à 100 milliards en 2005. Les pays bien développés ne sont pas les seuls bailleurs de fonds, la Chine et le Brésil prêtent ou donnent aussi de l'argent, avec probablement l'objectif de sécuriser leurs approvisionnements en matières premières ou en énergie.

En principe, les pays riches devraient pour répondre aux demandes de l'ONU donner 0,7 % de leur PIB chaque année, ce qui est loin d'être le cas.

Cette aide des États est souvent critiquée, elle semble en effet peu efficace. En 2006, la Banque mondiale a décidé que ses propres dons iraient aux pays les plus pauvres, mais c'est peut-être pénaliser les États un peu moins pauvres parce que mieux gérés.

L'aide publique au développement reste indispensable, mais le développement dépend aussi beaucoup des pays qui reçoivent cette aide.

Pays	Dons en % du PIB	Dons en valeur absolue (milliards de dollars 2002)
Danemark	1,00	1,0
Norvège	0,98	1,2
Pays-Bas	0,85	2,5
Suède	0,8	1,5
France	0,35	3,5
Royaume-Uni	0,35	3,1
Allemagne	0,30	3,0
Canada	0,28	1,2
Japon	0,22	6,4
États-Unis	0,18	10,00

Le développement durable

Le terme est apparu pour la première fois en 1980, proposé par l'Union internationale pour la conservation de la nature. L'ONU l'a repris en 1987 en le définissant comme un développement qui répond « aux besoins du présent sans compromettre les capacités des générations futures à répondre aux leurs ». Constat était fait que le développement des pays du Nord avait conduit à la pollution ou même à la destruction d'écosystèmes, et qu'il ne fallait pas que les pays du Sud fassent la même chose. Cette notion a été adoptée par les nombreux chefs d'État réunis à Rio en 1992. Ils ont alors décidé d'une série de mesures, l'Agenda 21, mais ces mesures n'ont pas été appliquées. En 1997, le protocole de Kyoto se limite à l'engagement de réduire les émissions de gaz à effet de serre. Certains pays, dont les plus polluants, comme les États-Unis ou la Chine, ne l'ont pas signé.

Il est difficile de fixer des normes, et encore plus de les faire appliquer, car il n'y a pas de précisions concrètes sur ce que doit être le développement durable. Est-ce qu'il s'agit d'économiser les ressources non renouvelables ? De chercher à définir ce dont les générations futures auront besoin ? De protéger l'environnement, sans qu'on sache très bien ce qu'il faut mettre sous ce vocable ? Le concept, très flou, de développement durable est souvent critiqué par les écologistes : il ne servirait qu'à éviter la réflexion sur le développement économique lui-même.

Échanges

La géographie étudie les flux de toutes sortes qui parcourent la planète. Ces flux de matières premières, d'énergie, d'argent et d'individus nécessitent des moyens de transport, des espaces spécifiques, comme les ports et les aéroports, l'organisation de marchés. Ils occupent directement, ou indirectement, une grande partie de la population active partout dans le monde, et s'organisent en réseaux, qui « maillent » la planète.

Transports

La route

C'est le moyen de transport le plus ancien, et le développement de l'automobile n'a fait qu'augmenter son rôle. Les réseaux autoroutiers occupent des espaces de plus en plus importants. S'ils permettent de relier plus vite des centres d'activité, ils modifient aussi l'environnement de façon durable. Directement par la stérilisation de terres et l'entrave à l'écoulement des eaux, entre autres. Indirectement, en introduisant de nouveaux types de relations, qui favorisent les nœuds, les carrefours, mais risquent de désertifier les espaces qui se trouvent entre les mailles du réseau. On voit des populations solliciter la construction d'autoroutes pour désenclaver la région, mais, en même temps, s'opposer aux nuisances, en particulier paysagères, qu'elles impliquent.

L'autoroute devient paysagère

Un contrat est passé, en France, entre les collectivités territoriales, les acteurs économiques et l'État : 1 % du coût des travaux finance la mise en valeur des territoires parcourus par une nouvelle autoroute.

L'augmentation du trafic routier, en particulier celui des poids lourds, pose des problèmes de pollution, d'entretien d'infrastructures et de sécurité routière. En France, le transport par camion a été multiplié par deux, en tonnage, entre 1985 et 2005. Aussi on essaie de trouver des solutions qui associent la souplesse du transport par route à la sécurité, et aux coûts énergétiques moindres, d'autres moyens de transport.

Ferroutage

Depuis novembre 2003, les camions peuvent prendre le train pour passer les Alpes entre la France et l'Italie. Le 29 mars 2007 a été inauguré le ferroutage qui relie le Luxembourg à Perpignan, en passant par Dijon et Lyon. Le train transportant les remorques fonctionne sept jours sur sept, met quinze heures pour faire le trajet, au lieu de dix-sept à vingt-deux heures par la route, et le coût est nettement inférieur. Le ferroutage est déjà utilisé en Suisse, entre l'Allemagne et l'Autriche (Ratisbonne, Graz) et par Eurotunnel pour franchir la Manche. D'autres projets sont à l'étude, pour aboutir à un véritable réseau, en grande partie centré sur l'Île-de-France (Paris-Lille, Paris-Pyrénées-Atlantiques, Paris-Dijon).

« Merroutage »

Le transport maritime peut aussi relayer la route. À partir de janvier 2005 un « merroutage » a été mis en place, trois fois par semaine, entre un port français, Brégaillon, entre Toulon et La-Seyne-sur-Mer, et le port de Civitavecchia au sud de Rome. Le coût et la durée du trajet sont divisés par deux, mais ce mode de transport, qui existe aussi entre Saint-Nazaire et l'Espagne, reste marginal, tandis que le trafic routier ne cesse d'augmenter.

Il y a des routes clandestines

Les images satellites ont révélé que près de 175 000 km de routes ont été construits clandestinement dans la forêt amazonienne, embranchements illicites au bord de la forêt et ramifications de la route transamazonienne. Ce réseau augmenterait de presque 2 000 km par an.

Le rail

Il a joué un rôle fondamental dans le développement industriel, et dans la conquête des immenses espaces de l'Ouest américain ou de la Sibérie.

Concurrencé souvent victorieusement par la route, il garde encore des atouts importants, en particulier pour le transport des voyageurs. Dans les pays bien développés, les chemins de fer « régionaux », desservant des banlieues de plus en plus lointaines, ont facilement gardé, et augmenté, leur clientèle. Les trains à grande vitesse, le Shinkansen japonais depuis les années 1960, le TGV français depuis 1981, l'emportent parfois sur l'avion, et modifient à la fois les relations et la perception de l'espace. Les villes que relient ces trains se structurent plus facilement en réseaux économiques, reliés à un centre dont la puissance a tendance à augmenter. Comme dans le cas des autoroutes, les espaces intermédiaires, et les transports ferroviaires régionaux, risquent d'être plus ou moins abandonnés. Le TGV « raccourcit » les distances et les régions non desservies sont marginalisées.

Le rail a suscité de grands ouvrages et on en construit encore. Le tunnel ferroviaire du Gothard qui sera achevé en 2015 comptera 57 km, celui qui relie au Japon, en passant sous la mer, les îles de Honshu et Hokkaido atteint 53,8 km. En Europe la liaison transalpine Lyon-Turin qui entrera en service en 2020 possédera le troisième des grands tunnels mondiaux avec 53,1 km. Ce sera l'un des maillons essentiels de l'axe Kiev (Ukraine)- Lisbonne (Portugal) via la Slovénie, Trieste, Venise et Turin. L'objectif de la construction du tunnel est de faire passer le trafic ferroviaire, sur cet itinéraire, de 10 à 40 millions de tonnes par an. Il y a cependant une très forte opposition et une contre-proposition : moderniser le tunnel du Mont-Cenis.

Le succès des « chemins de fer des villes »

Le tramway, abandonné pendant longtemps au profit du transport automobile, a été relancé depuis vingt ans, et ne cesse de gagner du terrain. En France, cinq villes possèdent un réseau important : Nantes, Grenoble, Strasbourg, Bordeaux et Montpellier. Mais Lille, Valenciennes, Rouen, Caen, Orléans, Nancy, Mulhouse, Clermont-Ferrand, Saint-Étienne et Montpellier ont aussi un tramway, tandis que onze autres villes ont des projets de réseaux. Paris a ouvert, fin 2006, la première portion d'un tramway, qui circule sur 8 km, toutes les quatre minutes, et transporte 100 000 voyageurs par jour.

Le transport maritime

Il assure la plus grande partie du trafic international des marchandises, en poids et en valeur. Les navires circulent soit à faible distance des côtes, de port en port (cabotage), soit en haute mer sur des routes transocéaniques. Ils sont la plupart du temps spécialisés : pétroliers, méthaniers, minéraliers, céréaliers, vraquiers pour le transport de pondéreux en vrac.

Un transport bon marché

Un double-conteneur peut transporter 95 000 tee-shirts entre la Chine et Le Havre. Le coût de ce transport est de 2 200 euros, ce qui équivaut à 2,3 centimes d'euro par tee-shirt.

Le transport maritime a été bouleversé par le développement des flottes de porte-conteneurs, cargos sur lesquels on empile des boîtes de 38 m³, parfois conçues pour un transport particulier (conteneur ventilé, frigorifique, à toit ouvrant, etc.). En 1956, les porte-conteneurs de 150 m de long pouvaient charger 58 « boîtes ». En 2006, les plus grands atteignent 400 m, et transportent 11 000 conteneurs.

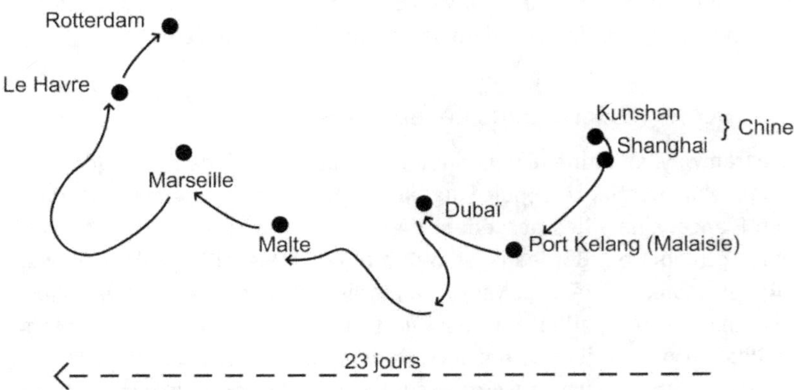

Dans chaque « hub » – plateforme de correspondance – le cargo décharge des marchandises, et en charge.
Port Kelang, Dubaï et Malte ont des hubs très importants.

Trajet d'un porte-conteneurs

Bien que ce soit un transporteur routier américain qui ait eu le premier l'idée des conteneurs, c'est l'Europe, talonnée par l'Asie, qui fournit l'essentiel des porte-conteneurs. Leur taille gigantesque commence à poser problème. Des armateurs envisagent des navires transportant 15 000 boîtes. Mais pour qu'ils maintiennent une vitesse suffisante il faudrait deux moteurs, et donc une consommation d'énergie beaucoup plus coûteuse.

En 2006, c'est une société danoise qui a transporté le plus de conteneurs (17 % du total mondial) suivie par une société italo-suisse (9,4 %) et une société française (6,4 %). Mais les plus importants ports à conteneurs sont en Asie, particulièrement en Chine. Rotterdam n'occupe que le 7e rang, Hambourg le 8e, Le Havre le 36e et Marseille le 70e.

Les grands ports mondiaux sont essentiellement situés en Europe et en Asie. Trois d'entre eux ont un trafic supérieur à 300 millions de tonnes par an : Singapour (390 Mt en 2006), Shanghai (380 Mt) et Rotterdam (354 Mt). L'Amérique du Nord ou du Sud, l'Afrique et l'Australie sont loin derrière.

Échapper aux contraintes

Des flottes importantes naviguent sous pavillon de complaisance. Elles sont domiciliées dans des pays qui leur accordent des privilèges fiscaux, comme le Liberia, qui abrite sous licence la deuxième flotte maritime mondiale, Panama, numéro un mondial, ou encore Malte, cinquième flotte mondiale. Les îles Kerguelen, qui appartiennent à la France, offrent aussi un pavillon de complaisance.

Les transports par voie d'eau

Ils utilisent les fleuves et les lacs et sont très importants aux États-Unis, au Canada (Grands Lacs et Mississipi), et en Russie, où un système utilisant fleuves et lacs relie Baltique, mer Noire et mer Caspienne. L'Europe de l'Ouest est également bien desservie par des fleuves (Seine, Rhin, Rhône, Danube, Elbe...) et les canaux qui les relient. Les pays en voie de développement peuvent aussi pratiquer la navigation fluviale sur de longs fleuves à débit régulier, ou régularisés comme le Parana-Plata en Amérique du Sud

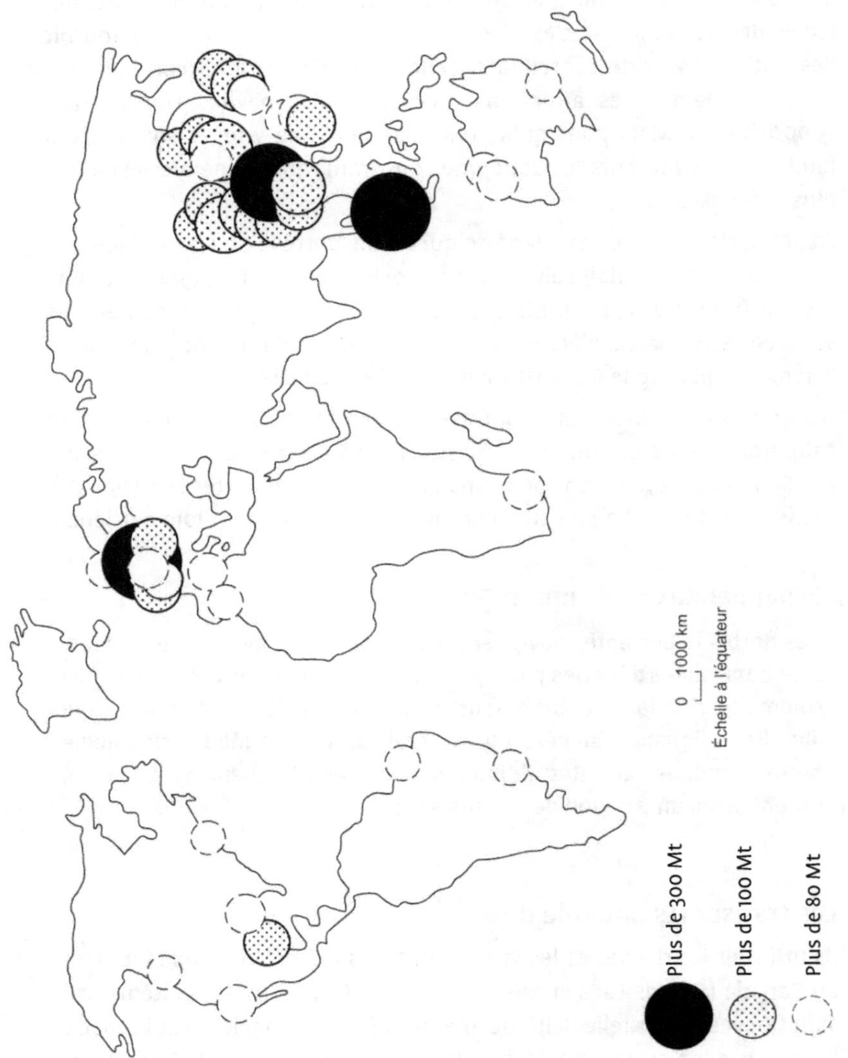
Les grands ports mondiaux en 2006
0   1000 km
Échelle à l'équateur
Plus de 300 Mt
Plus de 100 Mt
Plus de 80 Mt

(4 030 km), le Nil en Afrique (6 695 km), l'Indus au Pakistan (2 900 km), le Mékong dans la péninsule indochinoise (4 600 km) et les grands fleuves chinois : Houang-Ho et Yangzi.

La batellerie écologique

Le transport par péniche, en convoi poussé de 4 à 5 000 tonnes, est deux à sept fois moins cher que la route, et six fois moins que le rail. Un tel convoi transporte l'équivalent de quatre trains complets ou de 220 camions. Enfin une péniche émet 30 g de CO_2 par tonne/km contre 160 g pour un camion en cas de trafic dense.

Ce mode de transport ne convient qu'aux pondéreux, et on s'en est en partie désintéressé tant que le prix des carburants a fait de la route un concurrent imbattable. Mais depuis les années 2000/2005 canaux et fleuves connaissent un renouveau.

Les pondéreux : ce sont des produits pesants et peu fragiles comme les minerais, le charbon, les matériaux de construction, les céréales.

Le transport aérien

Son développement est lié au coût, relativement bas, du pétrole, et à l'élévation du niveau de vie. De transport de luxe dans la plupart des pays, ou entre deux continents, le transport aérien est devenu un mode de déplacement bon marché (compagnies « *low cost* ») pour les voyageurs. On l'emploie aussi de plus en plus pour le transport de marchandises, y compris pour les fruits et légumes qui peuvent ainsi profiter de l'inversion des saisons entre l'hémisphère Nord et l'hémisphère Sud. La densification du trafic pose pourtant de nombreux problèmes. Il faut multiplier, ou agrandir, les aéroports, ce qui stérilise des terrains aux abords des grandes métropoles, précisément là où ils sont le plus convoités, et le plus chers. Le bruit fait fuir les riverains, ou entraîne manifestations, procès, coûts supplémentaires. Le transport aérien est, enfin, un des principaux respon-

Se repérer en géographie économique et sociale

sables de la pollution atmosphérique. Pourtant le développement ne peut être arrêté et les aéroports qui accueillent de plus en plus de voyageurs se multiplient. À Paris, 6ᵉ aéroport mondial en 2004 (Roissy et Orly), la construction d'un troisième aéroport est envisagée, mais son emplacement, forcément éloigné de la capitale, pose problème. Un aéroport de moindre importance, Lyon Saint-Exupéry, prévoit 10 millions de passagers en 2010, contre 6 millions en 2006.

Sur les dix premiers aéroports mondiaux pour le trafic de voyageurs, six sont américains, mais Londres et Tokyo détiennent le premier rang, et Paris le sixième. Pour des pays aux territoires immenses, comme la Russie, le Canada, les États-Unis, la Chine, le Brésil ou l'Australie, l'avion est souvent le seul moyen de désenclaver les régions éloignées des centres.

Il s'agit d'une carte en projection polaire : le plan de projection est tangent au pôle, ce qui permet de représenter l'ensemble des continents. Le cartographe a, ici, atténué les déformations que cette projection fait subir aux continents de l'hémisphère Sud. On remarque très bien la prépondérance des liaisons transatlantiques et, secondairement, des aéroports de la triade Amérique du Nord, Europe, Asie du Sud-Est /Japon.

Principaux aéroports et flux aériens mondiaux

Le transport d'énergie

Pétrole et gaz circulent des gisements aux marchés de consommation par pétroliers, méthaniers, oléo et gazoducs. Ces moyens de transport, coûteux, sont également fragiles, soumis aux risques naturels, dans le cas des tubes installés en régions sismiques, et aux risques de guerre ou de terrorisme. Indispensables à la vie économique, ils sont une cible privilégiée, et un moyen de chantage pour les pays producteurs qui peuvent interrompre facilement leurs livraisons, comme la Russie a menacé de le faire pour l'Ukraine en 2006 et 2007.

Les réseaux électriques sont non moins importants. D'ici à 2030, un tiers des investissements mondiaux pour la distribution d'électricité sera consacré à l'installation de nouveaux réseaux. Les interconnexions sont devenues indispensables pour assurer la sécurité électrique : l'Europe de l'Est était interconnectée à l'Europe de l'Ouest avant même son intégration politique.

Par-dessus les mers

L'Europe dispose d'un des plus grands réseaux électriques du monde. Il alimente 450 millions d'habitants. Il est relié au Maghreb par l'Espagne, le sera bientôt au Moyen-Orient par la Tunisie, et atteindra avant 2010 l'Asie Mineure, en passant par la Grèce et la Turquie. C'est donc un réseau « méditerranéen », auquel la Russie souhaite s'associer.

En Amérique du Nord, la déréglementation a rendu les réseaux interconnectés particulièrement fragiles. Le réseau du nord-est des États-Unis interconnecté avec l'Ontario canadien appartient à 250 compagnies et dessert 25 millions de personnes. C'est de ce réseau qu'est partie la panne généralisée d'août 2003 qui a plongé une immense région dans le noir.

Les réseaux d'Amérique du Sud et d'Amérique centrale sont insuffisants, 16 % de l'électricité transportée est « perdue » dont une partie à cause des branchements illégaux.

L'Afrique cherche depuis peu à interconnecter, avec l'aide de financements internationaux, des réseaux jusqu'à maintenant morcelés.

La Chine et l'Inde ont aussi des problèmes d'interconnexion. En Chine, certaines régions disposent de surplus, mais ne peuvent les faire parvenir aux régions qui en auraient besoin, en particulier les villes, qui connaissent des pannes fréquentes.

Commerce

Il englobe toutes sortes de services, depuis le petit commerce de centre-ville jusqu'aux grands flux internationaux de marchandises ou d'investissements, en passant par les assurances et les banques. Tous ces types de commerce intéressent les géographes, parce qu'ils s'inscrivent dans le paysage, en particulier urbain : commerce de détail ou grandes zones de chalandises périurbaines. Mais aussi parce qu'ils occupent une part très importante de la population active : les commerces et services représentent 71 % des emplois en Allemagne, 74 % en France, 75 % au Danemark et en Suède, 78 % aux Pays-Bas, 81 % au Royaume-Uni, etc. Enfin, le commerce planétaire est passé du protectionnisme, qui prélevait des droits de douanes supposés protecteurs le long des frontières, au libre-échange entre un nombre de plus en plus grand de pays, puis à une ouverture plus large encore des marchés, avec l'accord général sur les tarifs douaniers (GATT) et ses « rounds » successifs depuis 1947. À partir de 1995 le GATT a été remplacé par l'OMC (Organisation mondiale du commerce) dont l'objectif est d'ouvrir les marchés, tout en les régulant. Objectif qui est loin d'être atteint.

Le commerce est, par nature, fluctuant. Son expansion mondiale augmente et aggrave ces fluctuations et rend rapidement obsolète leur description.

Commerce et agriculture

Les produits agricoles les plus présents dans le commerce mondial sont, en valeur et en ordre décroissants : les céréales, viandes, produits laitiers, café, thé et cacao, huiles, et loin derrière le sucre, le riz et les bananes. Les céréales à elles seules représentent 65 % de ces flux commerciaux. Des décisions de l'OMC, une période de sécheresse, ou une vague de froid sur les caféiers peuvent modifier le classement, comme aussi peut le faire l'attitude des consommateurs.

Le commerce agricole

Il représente, en valeur, à peu près 9 % du commerce mondial, et cette part est en diminution, à cause de la baisse des prix de ces produits et du coût de plus en plus élevé du transport. Les régions les plus commercialement actives sont celles… qui mangent à leur faim et ont des excédents, mais des pays émergents et peu peuplés sont devenus des exportateurs redoutés, qui bénéficieraient largement d'une libéralisation totale du commerce (Brésil, Argentine). Depuis l'été 2007… Les prix remontent !

Les flux du commerce de l'argent

Ils peuvent paraître du domaine des économistes plutôt que des géographes, mais leurs conséquences sur les localisations industrielles et commerciales sont telles que le géographe ne peut les ignorer. Ainsi une grande banque française emploie près de 140 000 personnes dans le monde entier, dont 56 000 en Europe, 15 000 aux États-Unis…

Les flux financiers permettent aussi de maintenir, de développer, de créer des industries ou des commerces. Dans les années 2005-2006, l'Europe occidentale a attiré 63 % des capitaux internationaux investis, suivie par l'Europe centrale et orientale, la Chine, l'Inde, l'Amérique du Nord. Chaque implantation industrielle a permis des créations d'emplois, entre 60 et 300 en moyenne.

L'argent étranger

En France, 40 000 emplois ont été créés en 2006 grâce aux 58 milliards d'euros d'investissements étrangers. Les pays investisseurs sont les États-Unis (23,8 % des emplois créés) puis l'Allemagne et le Royaume-Uni. Ce sont l'Île-de-France et la région Rhône-Alpes qui attirent le plus, mais le Nord, la région PACA, Midi-Pyrénées et la Bretagne sont de plus en plus attractifs.

Cette même année 2006, la Chine a reçu 50 milliards d'euros d'investissements étrangers. Jusqu'à maintenant c'est surtout Shanghai et la côte sud-est qui attirent ces capitaux, mais le gouvernement chinois s'efforce désormais de les orienter vers le Sichuan et le Yunnan, à l'ouest du territoire.

Le commerce de distribution

Il regroupe le commerce de détail qui vend des marchandises dans l'état où elles ont été achetées, en petites quantités, et l'artisanat commercial (boulangerie, pâtisserie, charcuterie) très présents dans les villes dont ils marquent le paysage et animent l'économie. Dans les zones rurales, la disparition de ces commerces de proximité est vécue comme un abandon et le signal de la désertification.

Les grands magasins se sont ajoutés dès le XIXe siècle à ce commerce de détail, qu'ils ont concurrencé. Mais ils sont à leur tour devancés par les super et hypermarchés.

En France, les « grands magasins », dont le plus ancien, le Bon Marché, fut fondé en 1852, font moins de 3 % du commerce de distribution. Ils résistent mieux au Royaume-Uni où leur part de marché atteint 11 %.

Les entreprises de grande distribution sont parmi les plus grandes des multinationales : la chaîne d'hypermarchés américaine Wal-Mart emploie 1 600 000 salariés dans le monde et son chiffre d'affaires dépasse le PNB de la Turquie, tandis que celui de Carrefour est plus élevé que le PNB de la Hongrie.

Les armes, un commerce florissant

Les dépenses de défense génèrent une industrie et un commerce des armes très importants. Les cinq premiers exportateurs d'armes réalisent plus de 80 % de ce commerce, avec en tête la Russie, suivie des États-Unis. L'Europe, et en particulier la France, avec 6 milliards d'euros d'exportations d'armes en 2006, est également bien placée. Le plus gros pays importateur est la Chine. Mais une grande partie de ce commerce échappe aux statistiques.

Le tourisme

Il se définit comme les activités de voyage et de séjour pour affaires ou pour le loisir. L'augmentation des niveaux de vie, et de la durée des périodes non travaillées, la multiplication des moyens de transport et la réduction de leur coût ont entraîné une remarquable croissance du tourisme. Il engendre des migrations saisonnières et des flux financiers très importants.

Il y a de multiples catégories de tourisme, qu'il soit de masse, ou plus élitiste, itinérant ou de séjour. Les côtes, et secondairement les massifs montagneux, attirent le plus grand nombre, avec une certaine spécialisation saisonnière, mais il faut aussi compter le thermalisme, les croisières, le tourisme culturel, qui explique l'attractivité de Paris ou des villes italiennes, entre autres.

Les dix premiers pays touristiques reçoivent près de 350 millions de visiteurs chaque année. Leur liste peut fluctuer d'une année à l'autre, en fonction de la conjoncture politique et économique : une monnaie faible, une situation politique paisible attirent les touristes, une monnaie trop forte, un pays peu sûr, des menaces de terrorisme les font fuir. Cependant la France, l'Espagne, les États-Unis, l'Italie, la Chine sont depuis plusieurs années des destinations prisées.

Les flux touristiques sont surtout des flux « nord-nord », en particulier entre les pays européens, et entre l'Europe et les États-Unis.

Les pays du tiers-monde cherchent à développer cette importante source de revenus, mais les modes, les incertitudes de leurs situations, et parfois l'insuffisance de leurs infrastructures freinent ce développement.

Des formes de tourisme anciennes, comme les croisières, se développent. La plaisance sur les voies d'eau intérieures attire de plus en plus. La fréquentation du canal du Nivernais a augmenté de 30 % entre 2004 et 2005, et ses écluses voient passer, à la belle saison, près de 550 bateaux par mois. Les touristes français et étrangers redonnent une vie momentanée à des zones rurales de moins en moins peuplées.

Le « tourisme senior » est lui aussi en pleine expansion. Il bénéficie du niveau de vie relativement élevé de cette classe d'âge, qui prend, en général, des vacances plus longues que la population active : en 1989, 53 % des personnes de 65 à 70 ans partaient en vacances, en 2004, c'est 66 % de cette classe d'âge qui sont partis.

Le tourisme n'a pas que des avantages pour les pays récepteurs. S'il amène des emplois directs et indirects, par exemple pour la construction, ces emplois sont souvent temporaires. En Espagne, 8 % de la population active vit du tourisme, aux Seychelles 45 %. La monoactivité touristique rend certains pays fragiles. D'autre part « l'invasion » touristique, bien qu'elle amène à améliorer les conditions d'accueil (aménagement de sentiers de randonnée, surveillance de la qualité des eaux de baignades…), entraîne aussi des risques, du bétonnage des côtes aux pollutions de toutes sortes.

Comment on conserve des paysages

Le Conservatoire du littoral, créé en 1975, préserve les terrains acquis par l'État (10 % du littoral en 2007, 33 % prévus en… 2050). La loi littorale de 1986 limite l'urbanisation, mais la course entre protecteurs et bétonneurs continue. En 2006 le président de l'Assemblée territoriale de Corse a affirmé qu'il fallait « désanctuariser » le littoral corse pour favoriser le tourisme.

Les recettes ne sont pas toujours proportionnelles au nombre de touristes reçus. La France est le premier pays d'accueil par le nombre de touristes reçus, mais ses recettes sont inférieures à celles de l'Espagne (42,5 milliards de dollars en 2005 contre 54) et des États-Unis (12,3 milliards de dollars). En effet sont comptabilisées les entrées de touristes ne faisant que passer par la France pour se rendre en Espagne.

L'Europe est, de très loin, la région du monde à laquelle le tourisme rapporte le plus. Les principaux pays de l'Union européenne (France, Espagne, Italie, Portugal, Royaume-Uni, Irlande, Pays-Bas, Belgique, Allemagne, Suède, Grèce) ont reçu, en 2005, près de 270 milliards de dollars de recettes touristiques. Ailleurs, dans le monde, des efforts considérables sont faits pour attirer la manne. Ainsi, Dubaï, un des Émirats arabes unis, situé sur le golfe Persique, ouvrira avant 2010 le plus grand parc de loisirs du monde. L'émirat réalise déjà 33 % de son PIB grâce au tourisme, alors que le pétrole n'en représente que 5 %. Le parc servira à retenir plus long-temps les touristes qui pourront aussi faire des achats dans un centre commercial de plus de mille boutiques.

Une commémoration utile ?

Le Royaume-Uni a accueilli un grand nombre de touristes en célébrant, par des reconstitutions et des sons et lumières, le 200e anniversaire de la bataille de Trafalgar (21 octobre 1805). Cette grande victoire navale anglaise fut aussi une défaite pour les Français, qui sont cependant venus nombreux assister aux festivités.

Production

Depuis le début du néolithique, il y a environ 10 000 ans, les hommes, sans cesser d'être prédateurs, sont devenus producteurs, de nourriture, de produits fabriqués, d'énergie. Ces productions se sont beaucoup diversifiées, mais on peut toujours les classer sous trois grandes rubriques : énergies, productions agricoles, productions industrielles.

L'augmentation de la consommation d'énergie pose le problème de l'épuisement des réserves. Il y a des ressources énergétiques fossiles, non renouvelables : le charbon, le pétrole et le gaz. Des ressources renouvelables – à condition qu'on leur laisse le temps de se renouveler – comme le bois. Et des ressources en principe inépuisables, l'énergie solaire ou l'énergie éolienne, celle des marées, des vagues ou des courants marins...

Les sources d'énergie

Elles produisent de la chaleur, de l'électricité, du mouvement. La première des sources d'énergie fut l'homme lui-même, capable de porter, de déplacer des charges, de produire du mouvement, en actionnant des mécanismes de plus en plus complexes. L'eau et le vent, capables de faire tourner les roues des moulins, lui viennent en aide. Il a fallu des siècles pour que l'on passe de ces énergies primaires à la vapeur, puis à l'électricité.

Énergies primaire et secondaire : la première est libérée directement par une source d'énergie ; vent ou eau pour les moulins, combustion de l'essence dans un moteur. Les énergies secondaires nécessitent le passage par un stade intermédiaire, dû à l'action humaine : l'électricité, qui appartient à cette catégorie, ne peut être fournie, à partir de l'eau, du charbon, du gaz ou de l'atome, que grâce à des barrages ou à des centrales.

La première des énergies

La pyramide de Khéops (146 m de haut) a été élevée vingt-cinq siècles avant Jésus-Christ par la seule force humaine, à une époque où on ne disposait que d'outils de pierre ou de cuivre. Le transport des blocs, en tout 5 millions de tonnes de matériaux, ne pouvait pas utiliser la roue... qui n'était pas encore inventée !

Le bois, principale source d'énergie des pays du Sud

Les pays du Sud sont peu consommateurs d'énergies fossiles, mais le bois y est beaucoup utilisé comme source d'énergie. Il représente près de 50 % des énergies renouvelables employées en Afrique, 30 % en Amérique latine, 40 % en Inde, 31 % en Indonésie.

Cette consommation pose autant de problèmes environnementaux que celle du charbon ou du pétrole. Elle entraîne une déforestation massive, catastrophique pour les pays du Sud.

Le charbon

Entre 2000 et 2006 la consommation de charbon a augmenté dans le monde de 10 %, poussée par celle des États-Unis et de la Chine. Les cinq premiers producteurs (82 % de la production mondiale à eux seuls) sont la Chine, les États-Unis, l'Inde, la Russie et l'Australie. Pour la France, où les dernières mines ont été fermées en 2005, le charbon est une énergie dépassée. Mais les États-Unis, qui détiennent le tiers des réserves mondiales, travaillent pour en faire le combustible du futur. Premier obstacle : le charbon est polluant et il émet du CO_2. Dans les nouvelles centrales électriques au charbon, le CO_2 est séquestré, et on peut même récupérer les gaz inflammables.

Les réserves de charbon sont estimées à 910 milliards de tonnes, qui équivalent à 155 ans au rythme actuel de production. On trouve du charbon à peu près partout dans le monde, il est moins coûteux à extraire que le gaz ou le pétrole, et son transport n'entraîne aucun risque de pollution. 83 % du charbon est consommé dans le pays d'extraction, surtout pour produire de l'électricité : 40 % de l'électricité mondiale provient du charbon (20 % proviennent du gaz, 16 % du nucléaire).

Une richesse cachée

En 1985 un gisement de charbon est localisé et évalué dans le département de la Nièvre. Le potentiel serait de 250 millions de tonnes, avec des couches épaisses de 80 m, et des réserves pour 35 ans d'exploitation. La mine et la centrale thermique alimentée par le charbon emploieraient plus de 1 000 personnes. En août 2006, un groupe de financiers dépose une demande de concession mais, depuis, les protestations des écologistes ont sérieusement amputé et ralenti le projet.

De tous les combustibles fossiles, le charbon est le plus nocif pour la santé. Des techniques peuvent permettre de « séquestrer » le CO_2, et il sera sans doute possible de liquéfier la houille pour la transformer en pétrole de synthèse. Mais les deux tiers des capacités électriques utilisant le charbon seront, d'ici à 2030, installés dans des pays en voie de développement, déjà fortement émetteurs de CO_2, et qui n'ont pas les moyens financiers pour utiliser des techniques de pointe.

Le gaz

Actuellement, les pays producteurs de gaz naturel sont la Russie, les États-Unis, le Canada, les Pays-Bas et le Royaume-Uni, et les réserves de gaz « classiques » permettent plus de 70 ans de consommation au rythme actuel. Il y a aussi des réserves de gaz dit « non conventionnel » (gaz de schistes, de charbon, de sables, hydrates de méthane...). Elles correspondent à 100 fois les réserves de gaz « classique ».

En 2010, un gazoduc de 2 000 km reliera les gisements du nord-est de la Russie à l'Europe, en passant par la Baltique, où le gazoduc sera sous-marin. Il aboutira en Allemagne et plus tard en Grande-Bretagne. Le volume transporté (27 milliards de m^3 par an) sera probablement porté à 55 milliards de m^3, beaucoup plus que la consommation actuelle de la France (43,8 milliards de m^3).

Comparaison des réserves

	Conventionnel	Non conventionnel
Pétrole	172 milliards de tonnes	204 milliards de tonnes
Gaz	190 milliards TEP	18 000 milliards TEP

TEP : tonne équivalent pétrole. Unité qui sert à comparer les sources d'énergie au pétrole brut, qui sert de référence. Par exemple 1 TEP = 1 000 m^3 de gaz naturel, ou 11 600 kWh.

Le pétrole

Les plus gros producteurs sont la Russie, l'Arabie Saoudite, les États-Unis, l'Iran, la Chine, le Mexique. Contrairement à une idée reçue, les gisements de pétrole sont très loin d'être épuisés, même si les plus facilement exploitables sont utilisés depuis de nombreuses années. En effet, les progrès techniques, et surtout les hausses successives des prix, permettent d'envisager la mise en exploitation rentable de gisements jusqu'ici négligés. Les pétroles lourds de l'Orénoque, au Venezuela, offrent des réserves équivalentes à celles de l'Arabie Saoudite, mais le coût d'extraction et de traitement sera élevé, et ce pétrole est encore considéré comme « non conventionnel ».

Des gisements difficilement exploitables ?

Dans la région très froide de l'Alberta, les grandes compagnies pétrolières TOTAL, EXXON MOBIL, CONOCO-PHILIPS, SHELL... extraient après des opérations techniquement complexes un pétrole dont le prix de revient est six fois plus élevé que celui des pétroles saoudiens. Pendant longtemps les experts ont considéré ces gisements comme inexploitables, parce que trop chers, puis ils ont pensé que la production serait limitée à 500 000 barils par jour. Or en 2006, on atteint 1 million de barils par jour et l'objectif pour 2015 est de 4 millions de barils par jour.

L'estimation des réserves mondiales est donc très difficile, et constamment revue à la hausse. En 2006, elles étaient évaluées à 99 milliards de TEP au Proche et Moyen-Orient (441 ans de production au rythme actuel), à 30 milliards de TEP en Amérique du Nord (25 ans de production), à 13 milliards de TEP en Amérique du Sud (58 ans de production), à 11 milliards de TEP en Europe orientale (37 ans de production), à 12 milliards de TEP en Afrique (92 ans de production), etc.

La même année, le monde consommait 4 milliards de TEP. Les économies mondiales sont de moins en moins pétro dépendantes. Si, il y a 35 ans, un quart de la production mondiale d'électricité venait du pétrole, en 2006 le pétrole ne fournit plus que 7 % de l'électricité de la planète.

La peur de manquer de pétrole ne date pas d'hier

Les réserves prouvées, en 1920, permettaient d'atteindre péniblement 1950. Entre-temps, la consommation a été multipliée par 40 ! En 2006, les Algériens ont annoncé onze découvertes en trois mois. En mer du Nord, on a fait 58 forages positifs en 2005, deux fois plus qu'en 2003. L'Arabie Saoudite est sous-exploitée. En Irak, il reste à explorer 95 % du territoire. Une estimation raisonnable fixe le pic pétrolier vers 2020-2030, et bien plus tard si le rythme des découvertes continue.

L'électricité

Énergie secondaire, elle provient essentiellement des centrales thermiques au charbon.

En 2002, dans le monde, 69 % du charbon produit était utilisé pour produire de l'électricité, en 2030 on prévoit que ce pourcentage atteindra 79 %.

Cette indispensable production d'électricité a l'inconvénient de générer du CO_2. En septembre 2006, les principaux producteurs d'électricité européens ont tenu une assemblée générale de « ZEP » (*zero emission platform*), et affirmé que l'avenir était aux centrales thermiques à charbon dont le CO_2 sera enfoui dans le sol. De grandes organisations écologiques soutiennent, pour le moment, cette option. Mais ces techniques ne sont pas encore au point, tandis que de nombreux pays, comme les États-Unis, l'Inde, l'Indonésie continuent à construire de nouvelles centrales à charbon. La Chine, à elle seule, met chaque semaine en service une nouvelle centrale à charbon de 1 000 MW.

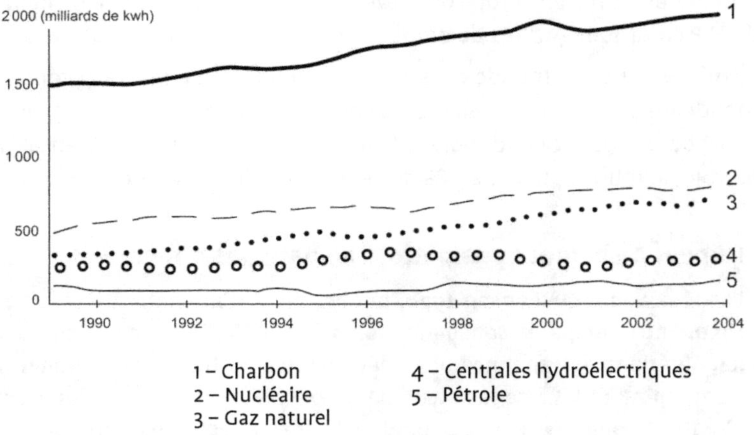

Production d'électricité dans le monde

La production d'électricité nucléaire est loin derrière, et souvent le sujet de polémiques. Si les centrales au charbon tendent à augmenter l'effet de serre, les centrales nucléaires, qui ne rejettent dans l'atmosphère qu'une vapeur d'eau inoffensive, produisent des déchets radioactifs qui posent un problème de stockage. Les risques du charbon et l'augmentation du prix du pétrole ont cependant relancé les projets nucléaires, arrêtés aux États-Unis après l'accident de la centrale de Three Miles Island en 1979 et en Europe après celui de Tchernobyl en 1986. En 2000, il y avait dans le monde deux centrales nucléaires en construction, il y en avait vingt en 2006 et 48 sont en projet.

Le nucléaire revient

Les vingt centrales nucléaires en construction (deux en Europe, quatre en Chine, six au Japon, huit en Inde) démontrent que l'option nucléaire est revenue au premier plan. L'Allemagne après avoir déclaré « vouloir sortir du nucléaire » est en train de reconsidérer sa position. La France, l'un des pays du continent qui émettent le moins de CO_2 par habitant, construit un nouveau réacteur, l'EPR, plus performant et moins gourmand en uranium, à Flamanville, dans la Manche.

L'hydroélectricité

L'hydroélectricité, malgré quelques grands barrages de « prestige » dans les pays émergents, Uruguay, Brésil ou Chine, reste marginale. En France, tout le potentiel des cours d'eau est utilisé. L'électricité hydraulique ne représente que 8 % de la production.

Les énergies renouvelables

Les énergies renouvelables sont celles qui peuvent se régénérer rapidement, à condition que la consommation ne s'accroisse pas trop vite, comme le bois ou les biocarburants.

Au Brésil, la moitié des voitures utilise l'E85 (85 % d'éthanol produit à partir de la canne à sucre et 15 % d'essence) et les trois quarts des nouveaux véhicules peuvent rouler indifféremment à l'essence ou à l'E85. Aux États-Unis, l'éthanol est produit à partir du maïs. En France, il vient principalement de la betterave à sucre. Mais produire de l'éthanol peut générer l'abandon de cultures vivrières, et une déforestation accélérée pour mettre des terres en culture. Quant à la canne à sucre, elle est grosse consommatrice d'eau. D'autre part, pour le moment, la production d'un baril d'éthanol coûte plus cher que celle d'un baril de pétrole, et la distillation des végétaux est grosse consommatrice d'énergie.

L'essence contient, en France, 0,83 % de biocarburant. La réglementation européenne exige d'atteindre 5,75 %. Si l'objectif de 10 % était atteint en 2015, cela représenterait une économie de 5 millions de tonnes de pétrole par an (5 % de notre consommation en 2006). Si toute l'Europe atteignait ces 10 %, l'économie serait de 50 millions de tonnes.

Des recherches sont en cours pour obtenir des biocarburants réellement écologiques, à partir de résidus agricoles (paille), forestiers (taillis) ou même de plantes à croissance rapide, comme le peuplier.

De l'énergie en graines

Le jatropha, un arbuste à fleur rouge, prolifère dans les zones semi-arides. Très résistant, il donne annuellement et pendant plus de trente ans 2 à 3 kg de fruits dont est tirée une huile facile à transformer en biodiesel. Chaque graine contient environ 35 % d'huile ; 8 kg de récolte permettent de produire plus de 2 litres de biocarburant. Le jatropha pousse aussi bien en Égypte qu'à Madagascar ou au Guatemala.

Les énergies inépuisables

L'énergie solaire

Elle nécessite des installations coûteuses, et elle est particulièrement intéressante dans des régions isolées et à fort ensoleillement, comme c'est le cas dans beaucoup de pays du tiers-monde. Mais pour l'instant c'est surtout dans les pays développés, en Europe ou aux États-Unis, qu'elle est utilisée (Californie, Espagne, Italie...). En France, après avoir porté l'effort sur les régions rurales isolées, on s'oriente vers un développement en Corse et dans les DOM-TOM.

Tout n'est pas parfait !

En France, l'ensoleillement est insuffisant pour une utilisation rentable de panneaux solaires sur 60 % du territoire. Quant aux biocarburants, pour broyer, distiller et raffiner colza, canne à sucre ou betterave, il faut consommer beaucoup d'énergie, la plupart du temps des hydrocarbures !

La géothermie

Elle utilise la chaleur terrestre. Les régions volcaniques et certains bassins sédimentaires sont particulièrement favorables à son utilisation, par exemple en Islande.

Les énergies de la mer

À long terme, on peut envisager d'utiliser l'énorme puissance des courants marins, mais pour le moment seule l'énergie des marées, et plus récemment celle des vagues, permet de produire de l'électricité. C'est en France qu'a été construite la première usine marémotrice, sur l'estuaire de la Rance, en Bretagne (1966). De telles installations ne sont rentables que dans les régions du monde où les marées sont suffisamment importantes : la Manche, ou la côte est du Canada et des États-Unis.

Le mouvement perpétuel des vagues

En Écosse on utilise l'énergie des vagues. Écologiquement, le système « Palamis » est exemplaire. Il utilise une énergie sans cesse renouvelée, ne produit pas d'émission et ne rejette pratiquement aucun déchet. Il n'est pas bruyant et, situé à 2 km des côtes, il est assez lointain pour ne pas provoquer de gêne visuelle pour les riverains.

L'énergie éolienne

L'énergie éolienne est également une énergie inépuisable, mais il faut que le vent soit suffisamment régulier et fort. L'Union européenne est au premier rang mondial pour la production d'énergie éolienne avec dans l'ordre d'importance l'Allemagne, l'Espagne et loin derrière le Danemark, l'Italie, les Pays-Bas. Le Danemark avec 15 % de sa production d'électricité provenant du vent est, en pourcentage, le champion mondial de l'énergie éolienne. L'éolien a permis d'y développer une industrie puissante faisant de Vestas le leader mondial des turbines éoliennes. Mais il n'a pas aidé le Danemark à contrôler ses émissions de gaz à effet de serre. L'accent mis sur l'éolien s'est fait au détriment d'autres investissements qui auraient coûté moins cher pour un meilleur résultat. En cas de tempête, les aérogénérateurs doivent s'arrêter. En janvier 2005, le Danemark n'a échappé au black-out qu'en important de l'électricité scandinave et allemande.

La France a une puissance installée égale à la moitié de celle des Pays-Bas. Fin 2006, il y avait 1 049 éoliennes en France. Le parc pourrait s'agrandir rapidement, la Bretagne, par exemple, a plus de 200 projets, mais il y a des oppositions fortes : les associations « Vent de colère » dans le Gard ou « Vent de respect » en Ardèche sont violemment anti-éoliennes, tandis que l'association « Planète éolienne » milite pour leur développement, en particulier l'éolien off-shore, moins visible dans le paysage et dont le bruit ne serait pas perceptible. D'après l'Agence internationale de l'énergie, la technologie de l'éolienne est encore très éloignée de la compétitivité commerciale, et ne se maintient que grâce aux subventions.

Agriculture

Depuis l'époque néolithique, elle assure la nourriture de l'humanité, en fournissant les produits de la culture : céréales, légumes, fruits, et ceux de l'élevage : viande, œufs, produits laitiers. L'homme s'est toujours préoccupé d'augmenter les rendements et d'éviter les disettes, pénuries temporaires, et les famines, c'est-à-dire le manque total de nourriture.

Agriculture extensive et intensive : la première utilise beaucoup d'espace et les rendements sont faibles, pour la culture comme pour l'élevage. La seconde se caractérise par des rendements forts, souvent sur des surfaces réduites, ou même hors-sol, comme c'est le cas pour l'élevage en étable.

Cultures

Les pays bien développés utilisent plutôt l'agriculture intensive, mais on la retrouve aussi dans les plantations qui fournissent aux pays en voie de développement des produits d'exportation : café, cacao, ananas, coton, hévéa, soja.

Soja

En trente ans, l'Amérique du Sud est devenue le grenier à soja de la planète. Le Brésil est le premier producteur mondial, et le premier exportateur. Ses voisins, Argentine et Paraguay, l'ont suivi, et même en Bolivie le soja gagne du terrain. C'est une source de revenus durables, et un facteur de développement du pays, puisqu'il faut construire des routes et des ports pour exporter le soja vers les pays qui ont dû interdire les farines animales dans l'alimentation du bétail.

Le soja dévore la forêt

Au Brésil, on repousse la savane et la forêt, on aplanit des terres à coups de bulldozer, pour semer le soja. La biodiversité est ainsi en péril et les petits paysans qui cultivaient pour vivre haricots et maïs sont menacés par la « mer de soja ».

Céréales

Les céréales assurent plus de 50 % de la ration alimentaire des populations planétaires. Le blé, 617 millions de tonnes en 2006, est produit pour 43 % en Asie (Chine, Inde) et pour 32 % dans l'Union européenne. L'Amérique du Nord (12,5 %) et du Sud (3,8 %) sont loin derrière. Comme l'Afrique qui doit importer 29 millions de tonnes de blé chaque année : l'équivalent de 130 % de sa production.

À l'inverse, l'Amérique du Nord et l'Australie sauf accident climatique, ont des excédents considérables et sont obligées de les vendre.

Le riz est produit à 90 % par l'Asie, en particulier la Chine (30 %) et l'Inde (21 %). Mais l'Afrique est là encore très déficitaire puisqu'elle doit importer plus du double de sa production.

Le maïs vient des États-Unis et de l'Europe pour une plus faible part.

Quant aux oléagineux utilisés dans l'alimentation humaine, animale et très secondairement en biocarburants, ils proviennent essentiellement des États-Unis, du Brésil et de l'Argentine qui, à eux seuls, fournissent la moitié de la production et les trois quarts des exportations.

Se repérer en géographie économique et sociale

Plantations

Les cultures de plantation se rencontrent essentiellement dans la zone intertropicale. Cultures spéculatives, elles dépendent du marché et subissent des hausses, et des baisses, de prix souvent peu prévisibles et dramatiques, dans le cas de baisse, pour les pays producteurs. Même s'il ne s'agit pas de produits absolument indispensables, ces cultures jouent un rôle important dans les échanges entre pays en développement et pays bien développés.

> ### Vous en prendrez bien une tasse ?
>
> Le café est, juste après le pétrole, la plus importante matière première du commerce international ; 25 millions de personnes le cultivent, et 100 millions, si on compte les familles, en vivent. Mais si l'Amérique du Sud produit presque 50 % du café mondial, c'est l'Union européenne qui le consomme (60 %) suivie par les États-Unis (25 %).

Fruits et légumes

Les fruits et légumes sont partout cultivés et les progrès des transports permettent de les expédier dans le monde entier faisant ainsi disparaître le lien entre les étals et les saisons. La course à la baisse des prix engage la recherche agronomique, les agriculteurs et les réseaux de distribution. En Europe, les producteurs de pommes de terre se disputent un marché saturé, les Pays-Bas optant plutôt pour la quantité et les prix bas, les agriculteurs bretons pour la qualité et des prix plus élevés.

L'expédition sur de longues distances, difficile pour les fruits, a conduit à mettre au point des variétés spécifiques. Ainsi la fraise Camarosa brevetée en Californie depuis 1966 est cultivée en Espagne, second producteur mondial derrière les États-Unis. Elle a peu de goût et on peut la cueillir très tôt, avant qu'elle ne soit mûre. Elle arrive sur le marché en bon état apparent, même si son cœur reste blanc.

Vigne

La culture de la vigne est désormais répandue partout où le climat le permet. L'Espagne est au premier rang pour la superficie du vignoble, suivie de la France et de l'Italie. Viennent en ordre décroissant la Chine, les États-Unis, le Chili, l'Australie et l'Afrique du Sud qui n'atteignent qu'un dixième des vignobles des trois premiers pays. Mais les pays du Nouveau Monde, l'Australie et la Chine, augmentent rapidement les superficies consacrées à la vigne.

Élevage

Présent partout, l'élevage prend des formes très différentes selon qu'on se trouve dans un pays en développement de zone aride, ou dans les plaines océaniques de l'Europe. Dans le premier cas l'élevage est extensif, se pratique sur de grandes surfaces, en nomadisant à la recherche de pâturages, et ne concerne que les chèvres, les moutons et éventuellement les chameaux et dromadaires. Dans le second cas l'élevage est intensif, les bovins ou les porcs ne sont pas, sauf dans quelques régions, comme le Morvan en France, élevés en plein air.

L'étable à l'heure d'Internet

En Bretagne, des agriculteurs peuvent surveiller ce qui se passe dans leurs étables, même s'ils habitent à plusieurs kilomètres. Une caméra leur envoie, par Internet, des informations qui leur permettent, par exemple, d'intervenir pour un vêlage, sans avoir à attendre de longues heures dans l'étable. Les caméras sont entrées dans les étables dans les années 1990, mais c'est Internet qui donne à l'éleveur une plus grande liberté.

Les troupeaux de bovins les plus importants en nombre ne sont pas les plus productifs : les trois premiers sont ceux du Brésil, de l'Inde (où l'on ne consomme pas leur viande) et de la Chine. Les États-Unis et l'Argentine qui viennent ensuite sont beaucoup plus orientés vers un élevage exportateur.

Se repérer en géographie économique et sociale

Pour les porcs, la Chine vient au premier rang, suivie des États-Unis et du Brésil.

L'élevage intensif, (comme l'agriculture de même type en général) s'il a permis de nourrir une population mondiale en constante augmentation, entraîne des nuisances importantes : les porcheries produisent du lisier dont l'épandage surcharge la terre et l'eau en nitrates, dans les salles d'élevage les porcs émettent de l'ammoniac et du protoxyde d'azote, des gaz à effet de serre. Des moyens de réduire largement ces pollutions existent, mais ils sont coûteux et ne permettent pas d'atteindre une « nuisance zéro ».

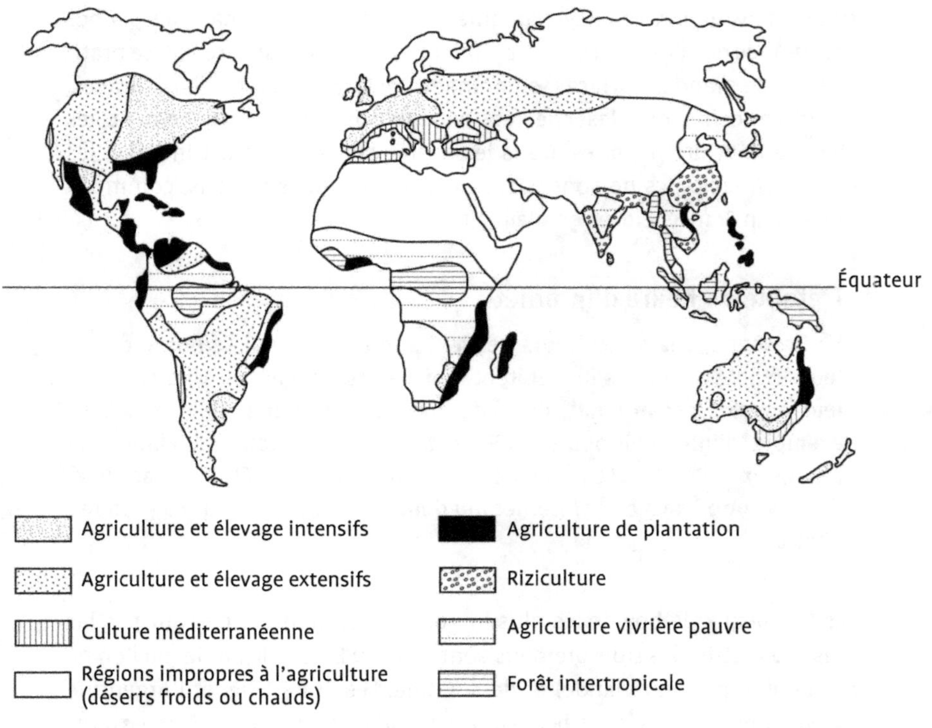

Agriculture et élevage

Les paysages ruraux

Ils sont très variés. Dans les savanes africaines, l'activité agricole n'apparaît que sur de petits espaces cultivés séparés par des zones de maigre végétation. Tandis qu'en Asie du Sud-Est l'étagement des rizières ou les soigneuses plantations de thé donnent l'impression d'un véritable jardinage sur des superficies totalement mises en culture, même sur les digues ou les bordures de chemin. Les grandes plaines américaines ou canadiennes, souvent consacrées à une seule culture, et où les fermes n'apparaissent que de loin en loin, sont bien différentes des bocages de l'Europe de l'Ouest qui ont gardé, et parfois reconstitué, leurs haies vives, offrant un paysage cloisonné.

Une agriculture discrète

Il existe une « agriculture urbaine ». C'est celle des petits jardins qui produisent légumes et fruits pour une consommation familiale. Certaines villes essaient de faire revivre les « jardins ouvriers » du XIXe siècle. Dans les mégalopoles anarchiques des pays en voie de développement le Programme des Nations unies pour le développement pense que de tels jardins pourraient jouer un rôle important pour nourrir les populations des bidonvilles.

Le système agroalimentaire

Dans les pays bien développés, les agriculteurs sont un maillon entre les producteurs d'engrais, de semences, de pesticides, de matériel agricole et les coopératives, les centrales d'achat, les entreprises agroalimentaires.

Dans les pays en voie de développement, les trois quarts des 850 millions de personnes qui souffrent de la faim sont des paysans, leur production est insuffisante et ils sont, sans l'avoir voulu, intégrés au système agricole mondial qui exporte dans leurs pays les excédents subventionnés des pays riches. Ces exportations ne font qu'aggraver une situation déjà hétérogène : un paysan africain produit une tonne de céréales pour un prix de revient de 400 euros, un paysan brésilien en produit 1 000 pour un prix de 70 à 150 euros la tonne.

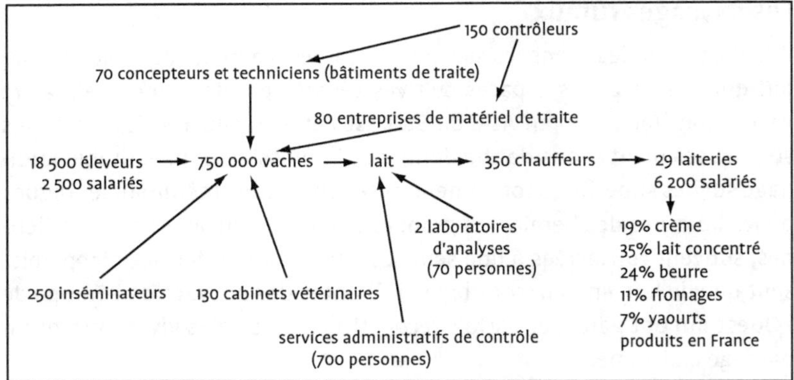

L'exemple du lait breton

Un élevage éthique

Au Togo, les élevages de volailles, de porcs ou de petits ruminants appartiennent aux femmes. Elles peuvent ainsi acquérir une certaine indépendance financière surtout si elles profitent de l'aide d'une ONG comme « Agronomes et Vétérinaires sans frontières ».

Les aides à l'agriculture

Tous les pays développés subventionnent leur agriculture, pour des raisons d'autonomie alimentaire, mais aussi parce qu'elle joue un rôle important dans le commerce international. La politique agricole commune a été un des piliers de la CEE, puis de l'Union européenne. Réformée en 2003, elle consomme encore 43 % du budget européen, alors que l'agriculture ne représente que 2 % du PIB de l'Europe. D'ici 2013, elle ne devrait plus représenter que 30 à 33 % du budget de l'Europe.

Mais si les aides équivalent à 34 % du revenu des agriculteurs européens, elles atteignent 20 % de celui des agriculteurs des États-Unis. En Europe, la France est le premier bénéficiaire de la PAC, ses agriculteurs touchent 21 % du total des aides, contre 13,5 % à l'Allemagne qui vient au deuxième rang.

Jusque dans les années 1960, la PAC avait vocation essentiellement nourricière. Beaucoup de pays européens souhaitent que s'y ajoutent des fonctions d'aménagement du territoire et de protection du paysage. Depuis 2003, il est prévu que les aides ne soient versées que si les agriculteurs respectent les normes sanitaires et environnementales.

Un désert rural

Il y avait en France 3 millions d'exploitations en 1950. En 2006, il n'en reste que 600 000. En 2003, les agriculteurs représentaient 1,5 % de la population et 1,4 % l'année suivante. La PAC favorise pourtant les zones souffrant d'un handicap naturel comme les régions de montagne, et accorde des aides à l'installation des jeunes agriculteurs. Et si le nombre d'agriculteurs diminue, la population rurale est stable ou en augmentation.

La pêche

Elle a toujours été une ressource alimentaire importante donnant à tort l'impression que la mer était un fournisseur inépuisable. Mais depuis les années 1960, la modernisation des flottes a entraîné une surexploitation et un risque d'épuisement de la ressource. Les navires-usines qui traitent et congèlent sur les lieux de pêche, les chaluts, flottants ou de fond, les palangres (lignes à multiples hameçons) sont de plus en plus gigantesques.

Certains petits pays vivent en grande partie de la pêche : en Islande elle fait vivre 5 % des habitants directement, et un Islandais sur six travaille au traitement du poisson, les îles Fidji, Féroé, Falkland ne pourraient vivre sans le poisson.

Il est particulièrement important dans ce cas de « protéger », voire d'élargir, le domaine des eaux territoriales. Les zones de pêche exclusives, réservées aux nationaux, sont passées à 50 milles marins (92,6 km) en 1972, mais la haute mer, accessible à tous, couvre 60 % de l'océan mondial.

Se repérer en géographie économique et sociale

La concurrence sur les zones de pêche entraîne parfois des conflits entre pêcheurs, et de grandes difficultés pour les pays en voie de développement. Au Sénégal, qui a autorisé, contre 64 millions d'euros, les navires de l'Union européenne à pêcher dans ses eaux, les petits pêcheurs artisanaux reviennent avec des pirogues presque vides, 50 kg pour six heures de pêche, contre 200 auparavant.

Les poissons actuellement les plus pêchés sont l'anchois du Pérou (9,7 millions de tonnes par an) utilisé pour fournir de la farine et des huiles à destination de l'alimentation animale, en particulier l'aquaculture, puis le lieu, le capelan (sorte de tacaud, poisson osseux), l'anchois du Japon, le chinchard du Chili, le merlan bleu, le maquereau du Pacifique et le sabre. Le thon rouge est l'exemple d'une espèce en danger. Il est vendu très cher au Japon, et les navires, en particulier européens (20 % sont français), sont loin de déclarer toutes leurs prises. On estime que sur l'ensemble des 8 000 tonnes pêchées en 2005, 2 000 étaient illégales.

Actuellement, près de la moitié du poisson consommé dans le monde provient de l'aquaculture, alors qu'en 1980 seulement 9 % des poissons venaient des fermes aquacoles. On élève aussi les mollusques, les crustacés, les coquillages, les poissons d'eau douce et on cultive les algues. Mais ces élevages nécessitent... du poisson ! Il en faut 3 à 4 kg pour obtenir 1 kg de saumon, 2 kg pour 1 kg de crevettes, 0,200 kg pour une carpe. Il n'est donc pas sûr que l'aquaculture soit une solution pour sauver les poissons sauvages...

La situation est inquiétante, puisque 17 % des stocks de poissons de mer sont surexploités (les prises sont supérieures au renouvellement) et 7 % appauvris (prises en diminution). Tandis que le commerce international du poisson est en augmentation rapide : 23 % de plus entre 2000 et 2007.

> **Le saumon d'élevage, un danger pour le saumon sauvage**
>
> Le saumon élevé consomme beaucoup de poisson. Il arrive aussi, souvent, qu'il s'échappe et concurrence alors ses congénères sauvages. Il est porteur de parasites qui infestent les saumons sauvages passant à proximité. On traite alors avec des insecticides puissants... qui tuent les poissons des cours d'eau alimentant la ferme d'élevage. Les excréments des saumons élevés entraînent la prolifération d'algues rouges. Il y a sans doute des solutions, mais elles obligeraient à augmenter les prix.

En 2006 les plus grands pays pêcheurs étaient, en ordre dégressif : la Chine, le Pérou, l'Inde, l'Indonésie, les États-Unis, le Chili, le Japon, la Thaïlande. Les pays de l'Union européenne étaient loin derrière : Espagne (20e rang), Danemark (21e rang), Royaume-Uni (27e rang), France (28e rang).

L'industrie

On range sous ce terme les activités économiques qui transforment des ressources naturelles en biens matériels. L'industrie emploie un grand nombre de salariés qui produisent en grande série, ce qui les distingue clairement de l'artisanat. C'est la révolution industrielle qui est à l'origine du développement et de la croissance des pays actuellement bien développés, qu'on appelle aussi industrialisés. Pourtant, depuis quelques décennies, le poids de l'industrie diminue, qu'il s'agisse de valeur ajoutée ou de nombre des emplois. En 1990, en France, 19,5 % des emplois étaient industriels, quinze ans plus tard, en 2005, ils ne représentaient plus que 14,8 %.

Le terme « industrie » recouvre des réalités bien différentes. On peut distinguer industries extractives pour le charbon, le pétrole, le gaz, les minerais, et industries manufacturières, celles qui fabriquent. Ou bien industrie lourde (métallurgie, chimie...) et légère (électronique...). Les produits fabriqués amènent à classer les entreprises selon qu'elles fournissent d'autres entreprises (biens intermédiaires) ou directement le consommateur (automobile, industrie agroalimentaire). Ou encore selon qu'elles sont traditionnelles (sidérurgie, textile) ou consacrées à la haute technologie.

Se repérer en géographie économique et sociale

L'Europe, l'Amérique du Nord et le Japon possèdent des industries anciennes, et pour certaines en grande difficulté. C'est le cas pour l'automobile, à la recherche de nouveaux marchés dans les pays de l'Est européen et en Asie. Les usines se délocalisent, pour produire moins cher et se rapprocher des marchés de consommation.

Délocalisation : déménagement d'une usine à l'étranger avec, ensuite, réimportation de tout ou partie de sa production. Construire une nouvelle usine à l'étranger n'est donc pas forcément, à proprement parler, une délocalisation.

En 2005, les constructeurs d'automobiles de l'Europe de l'Ouest ont installé des usines dans les nouveaux pays de l'Union européenne : Volkswagen, Opel et Fiat en Pologne, Volkswagen, PSA en République tchèque, PSA en Slovaquie, Audi en Hongrie, Renault en Slovénie et en Roumanie. Dans ces pays, le coût d'une heure de travail s'élève à 5 euros au maximum contre 23 euros en Europe occidentale. Mais il ne faut pas oublier que ce coût n'entre que pour 10 à 15 % dans le prix d'une voiture.

La métallurgie, longtemps pilier essentiel de l'industrie et du développement économique, a vu son importance décliner, mais on la retrouve dans ses régions traditionnelles (Europe, États-Unis, Russie) et plus encore dans les pays émergents comme le Brésil, l'Inde ou la Chine.

On ne peut donc plus guère distinguer des pays industrialisés, et d'autres qui ne le seraient pas, à l'exception de ceux qu'on appelle « pays les moins avancés ».

La Chine et l'Inde ont, comme le Brésil, des industries métallurgiques puissantes. Ces pays sont en mesure d'acheter des firmes nées en Europe ou aux États-Unis. L'entreprise indienne Mittal est passée, en moins de trente ans, du 77e rang au 1er rang de la sidérurgie mondiale.

Une industrie conquérante et concurrente

En 2007, les entreprises indiennes dépensent plus de 11 milliards d'euros pour acheter des mines, des entreprises pharmaceutiques, sidérurgiques, chimiques, high-tech ou d'agroalimentaire. Le groupe Tata a déjà acheté une entreprise de produits chimiques en Angleterre, d'alimentation aux États-Unis, des mines de charbon en Australie. Et propose 8 milliards de dollars pour acheter le sidérurgiste anglo-néerlandais Corus.

L'industrie textile s'est déplacée vers des pays à bas coûts de main-d'œuvre, d'autant qu'elle est considérée comme polluante. Mais les industriels européens développent des techniques novatrices, pour blanchir et teindre sans polluer.

Le développement durable est désormais un argument de vente, et la recherche joue un rôle décisif dans le maintien des anciennes localisations, ou dans la création de nouveaux sites de fabrication : une entreprise de textile belge qui avait délocalisé sa fabrication à Bombay, en Inde, a « relocalisé » ses unités à Roubaix, pour réduire ses coûts, grevés par les prix des transports et la qualité incertaine des produits.

Les mêmes fluctuations, qu'il s'agisse d'évolution des marchés ou des localisations, se retrouvent dans les industries agroalimentaires. Il est donc impossible de donner une image durable des localisations industrielles, et des entreprises concernées.

- Renault a repris, en 2000, l'entreprise roumaine Dacia pour fabriquer la Logan, une voiture bon marché, destinée aux pays en voie de développement. Mais le succès a été tel que Renault a lancé la fabrication dans sept pays, dont l'Iran, le Brésil et l'Argentine, où les usines produisent désormais.

- EADS, l'avionneur européen, a externalisé 40 % de sa fabrication pour l'A 380, ce qui explique en partie les difficultés rencontrées par la firme. EADS a ainsi des entreprises qui travaillent pour A 380 aux Pays-Bas, en Italie, en Autriche, en Suède, en Corée du Sud, au Japon, en Australie.

EADS suit, en cela, l'exemple de Boeing, son concurrent américain, qui fait travailler, pour le 787, des entreprises aux États-Unis mais aussi au Japon, en Corée du Sud, en Europe (Italie, Royaume-Uni, France, Allemagne, Suède).

Les industries du futur ?

L'écologie peut générer, et génère déjà, des industries nouvelles, soit pour remplacer des produits polluants, soit pour créer des produits plus respectueux de l'environnement.

Dans la première catégorie se rangent les biocarburants issus de deux filières différentes : l'éthanol (ETBE) issu des céréales, de la canne à sucre ou de la betterave, qui ne peut être utilisé pur sans modification des moteurs, et le biodiesel, directement utilisable, issu d'huiles de colza, palmier, tournesol, soja, etc. 80 % de l'éthanol sort, en 2007, des usines des États-Unis et du Brésil, tandis que 87 % du biodiesel est fabriqué en Europe. Cette même année, six nouvelles usines (trois pour chacun des biocarburants) ont commencé à produire en France.

Les usines « clés en main »

Une PME française s'est spécialisée dans la construction de sites de production d'éthanol. Après avoir construit des usines en France pour les firmes sucrières qui se diversifient, elle a construit deux usines en Thaïlande et deux autres sont en voie d'achèvement. Elle a des projets en Indonésie et aux Philippines. En concurrence avec des Chinois, des Indiens et des Américains, cette PME a remporté des marchés parce que ses sites consomment moins d'énergie et polluent moins. Elle a aussi des projets en Allemagne, en République tchèque et en Pologne.

D'autres pays, l'Inde, la Chine, la Thaïlande, ont des objectifs « biocarburants » ambitieux. La Chine, par exemple, souhaite qu'ils représentent 15 % de sa consommation en 2010.

L'industrie commence aussi à produire des bioplastiques, à base d'amidon. En Italie, sur un site autrefois voué à la métallurgie et à la chimie, une entreprise fabrique depuis 2006, 60 000 tonnes de « Master-Bi », un bioplastique avec lequel on peut fabriquer des sacs, des emballages, de la vaisselle jetable, des couches-culottes, etc. Un sac de caisse issu de bioplastique coûte 3 à 4 centimes d'euro de plus qu'un sac traditionnel mais il se résorbe complètement en trois à huit semaines, tandis que le sac fabriqué à partir de pétrole mettra 100 à... 400 ans, et dégagera, si on le brûle, des vapeurs toxiques. Pour le moment, seuls les États-Unis peuvent concurrencer l'Italie sur ce marché.

Les fabricants de textile et d'habillement se préoccupent de développement durable : une entreprise vosgienne a breveté un procédé à mémoire de forme qui rend les tissus infroissables sans additifs chimiques. D'autres commencent à utiliser des fibres issues de soja, d'algues, de crustacés ou de bambou. On s'efforce aussi d'améliorer le recyclage : à Castres une installation pilote recycle 60 à 80 % des eaux de teinture usées. Le problème du recyclage des textiles s'est beaucoup compliqué avec l'usage de mélanges complexes, aussi on essaie de développer des mélanges « naturels » comme le « re-silk » fabriqué à partir de surplus de soie et de laine.

Le « naturel » n'est pas toujours écologique !

Du champ de coton – qui consomme 25 % des pesticides employés sur la planète – à un T-shirt sortant de l'usine, il a fallu 25 000 litres d'eau et 5,2 kg de gaz carbonique ont été émis, l'équivalent de 27 km en avion ou de cinq douches de dix minutes chacune.

Innovation

L'évolution de la production et des localisations industrielles peut se mesurer au nombre de brevets internationaux déposés chaque année.

En 2006, il y a eu 145 300 demandes, en hausse de 6,4 % par rapport à 2005. Jusqu'à présent l'innovation était dominée par l'Europe et l'Amérique du Nord. Désormais la Corée du Sud dépose plus de brevets que le Royaume-Uni ou la France, qui étaient jusqu'alors au 4e rang. La Chine a pris la 8e place, occupée jusque-là par la Suisse et la Suède. Les nouveaux pôles industriels se situeront sans doute dans ces régions du monde.

L'industrie se déplace

La croissance de l'industrie est très forte en Chine, Inde, Corée du Sud, Indonésie et Brésil. Elle est faible en Europe, aux États-Unis, et au Japon.

Se repérer en géopolitique

La géographie, science de synthèse, ne peut pas se contenter de juxtaposer les descriptions de la nature et des activités humaines. Attachée depuis longtemps à l'étude du système-monde et de ses complexités, elle utilise ses outils, analyse de paysages, construction et comparaison de cartes, observations sur les catégories et les évolutions spatiales, pour aborder de façon scientifique les problèmes du monde actuel.

Le concept de mondialisation, souvent utilisé de manière partisane, fait l'objet de travaux géographiques argumentés et objectifs. L'urbanisation, phénomène majeur de notre temps, bénéficie d'une longue tradition de géographie urbaine : on peut ainsi mesurer ses origines, son ampleur, et ses conséquences. Enfin, les risques, naturels ou résultant des activités humaines, constituent un volet important des études géographiques actuelles qui se donnent pour objectifs la prévision et la prévention.

Environnement

Pendant longtemps les géographes ont utilisé le terme de milieu pour distinguer des espaces relativement homogènes par leurs conditions naturelles : « le milieu tropical humide », mais aussi leurs caractéristiques économiques, sociales et culturelles. L'environnement englobe toutes les spécificités du milieu : « l'environnement montagnard, urbain… ». Mais l'insistance est mise sur le rôle, positif, ou plus souvent considéré comme négatif, des hommes. L'environnement devient alors, à tort ou à raison, l'objet de toutes les craintes.

Évolution

Pour les périodes les plus anciennes de l'histoire de la Terre et la préhistoire jusqu'à la fin du paléolithique (vers – 10 000 au Proche-Orient, plus tardivement en Europe), l'évolution de l'environnement suit celle de l'histoire géologique et climatique, sans influence humaine notable.

> **Paléolithique :** période de la pierre (*lithos*) ancienne (*paleo*). L'homme est déjà présent sur Terre, mais ses outils se limitent à la pierre taillée, au bois, à l'os et à la corne. L'homme est alors uniquement prédateur, chasseur et cueilleur. Très peu nombreux, dispersés, les hommes ne modifient guère leur environnement.

Dès le début de la période suivante, le néolithique (« nouvelle pierre »), les hommes deviennent producteurs, éleveurs et agriculteurs, et leur influence sur l'environnement augmente. Les défrichements se multiplient, l'agriculture sédentaire, autour de villages fixes, et l'agriculture nomade, sur brûlis, modifient fondamentalement les paysages et permettent aux populations de croître. Mais une démographie plus vigoureuse exige à son tour de la nourriture – essentiellement des céréales – et de nouveaux défrichements. L'Antiquité voit se répandre des plantes cultivées méditerranéennes, comme la vigne et l'olivier. Les agriculteurs savent drainer les terres trop humides et irriguer celles qui sont trop sèches.

> **Anthropisation :** c'est l'expansion de l'espèce humaine dans des espaces jusque-là vierges. Cette colonisation modifie l'environnement, d'abord de façon superficielle et momentanée puis plus largement et plus durablement.

Les villes antiques et les voies qui les relient marquent aussi fortement l'environnement. Au Moyen Âge se développent des modes d'exploitation agricole qui dureront jusqu'au XIXe siècle et parfois jusqu'au XXe siècle. Les paysages de bocage, ou de champs ouverts, empiètent de plus en plus sur la forêt, dont l'exploitation devient quasi industrielle. Il faut beaucoup de bois pour construire les châteaux, les cathédrales, les maisons des villes, mais aussi pour produire le charbon de bois nécessaire à l'industrie métallurgique.

À partir du XIIe siècle, la forêt est le domaine des professionnels : bûcherons qui fournissent le bois pour la construction, le chauffage, les chantiers navals. Spécialistes de l'écorçage pour les travailleurs du cuir. Charbonniers qui vendent le charbon de bois aux métallurgistes et les cendres aux teinturiers.

La marque de l'homme s'impose davantage encore à partir de la révolution industrielle en Europe occidentale d'abord, puis dans le reste du monde. Elle s'accompagne d'une urbanisation galopante, qui modifie l'environnement de façon irrémédiable. Chaque nouvelle forme d'énergie s'inscrit dans l'environnement : chevalement de mines et terrils pour le charbon, barrages et lacs de barrages pour l'électricité hydraulique, raffinerie pour le pétrole, tours de refroidissement de l'énergie nucléaire.

Les aspects « naturels » de l'environnement sont petit à petit grignotés par les avancées technologiques. L'espace aérien, lui-même, est traversé par les lignes haute tension, ou de façon fugace, par les traces du transport aérien. Routes, autoroutes, lignes TGV créent, dans les espaces ruraux comme aux abords des grandes agglomérations, un environnement complètement artificialisé.

L'homme régulateur de l'environnement

Pour des raisons économiques, et beaucoup plus rarement sanitaires, les hommes ont préservé leur environnement autant qu'ils l'ont détruit. Dès le XVIe siècle, la protection des forêts européennes a été un des soucis des gouvernements, comme plus tard, l'assèchement des marais ou la fixation des dunes.

Risques environnementaux

Les risques environnementaux sont étroitement liés aux activités humaines, mais on ne peut pas les séparer des risques climatiques dont ils dépendent en grande partie. On les rencontre sous toutes les latitudes et des études scientifiques les ont répertoriés et décrits depuis plusieurs années.

Ainsi en Indonésie, les forêts de plaine sont en voie de disparition. Si on continue à les couper et à les incendier au rythme actuel elles auront disparu avant 2010. Les destructions se sont accélérées depuis 2000, et les effets environnementaux sont importants : inondations qui emportent les terres agricoles, glissements de terrain qui menacent des villages, sans oublier la disparition, déjà effective, des tigres, et celle, prochaine, des rhinocéros et des orangs-outangs.

En Asie, un énorme nuage brun recouvre d'avril à octobre la Chine, la Birmanie, l'Inde et de moindre façon la péninsule indochinoise, la Malaisie et l'Indonésie. Ce nuage de 3 km d'épaisseur vient de la combustion du bois et de l'utilisation du fuel par ces pays. L'Asie émet 70 millions de tonnes de dioxyde de soufre par an (contre 20 millions pour l'Amérique, et autant pour l'Europe). Il faut attendre la mousson d'hiver pour que cette masse nuageuse polluée soit chassée vers l'océan Indien, où les pluies la lessivent. Outre les conséquences sur la santé humaine, le nuage brun tend à perturber le régime des pluies, et les environnements qui en dépendent, en particulier dans des régions peu arrosées comme le Pakistan ou l'Afghanistan.

En France, l'exemple de la Camargue montre les conséquences des interventions humaines sur un environnement souvent présenté comme encore « sauvage ». Le delta du Rhône recule devant les assauts de la Méditerranée, car le fleuve, enserré dans des murs de béton, ne transporte plus en moyenne que 7 millions de tonnes de matières en suspension, contre 50 au milieu du XIXᵉ siècle.

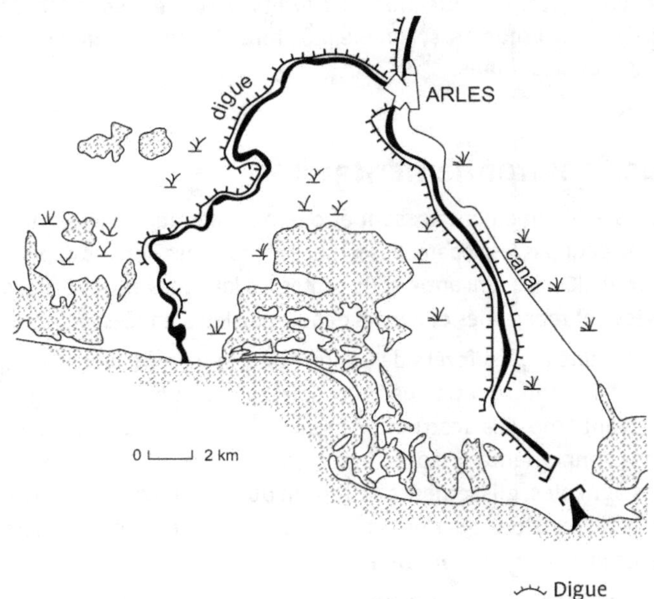

L'endiguement du Rhône en Camargue

D'une façon plus générale, les phénomènes d'érosion dus au vent, à la glace, mais surtout à l'eau risquent de s'aggraver en France, en particulier à cause de l'extension des zones urbaines.

L'homme n'est pas seul responsable

Les volcans de boue sous-marins contribuent largement au réchauffement climatique par les quantités de méthane qu'ils produisent. Rien qu'en Méditerranée occidentale, les scientifiques ont repéré des centaines de petits volcans de boue, dont certains peuvent atteindre 1 km de diamètre.

Il est difficile d'évaluer les risques environnementaux et leurs conséquences. Ainsi en 2003 la canicule a touché une partie de l'Europe occidentale, avec des conséquences graves pour l'agriculture et dramatiques pour les populations, mais cette remontée de l'équateur météorologique a été bénéfique pour le Sahel, qui a enregistré des pluies supérieures à la normale, et particulièrement bienvenues dans une région qui souffre souvent de la sécheresse.

La prévention

Les sociétés humaines se préoccupent de plus en plus de préserver leur environnement, pour des raisons économiques et culturelles. Certaines erreurs du passé récent, comme la destruction des haies, peuvent être en partie corrigées, mais c'est surtout la création de zones protégées qui permet la conservation d'un environnement préservé, et peut servir de modèle pour diffuser de bonnes pratiques environnementales.

La France possède ainsi 7 parcs nationaux, dont un en Guadeloupe, et 156 réserves naturelles, dont 15 dans les départements d'outre-mer.

Parc national : territoire classé par décret pour l'intérêt de la conservation de son milieu naturel et pour le préserver. Il comporte généralement une zone centrale strictement protégée et une zone périphérique davantage consacrée au développement culturel, social et économique du territoire.

Réserve naturelle : territoire classé lorsque la conservation du milieu naturel (faune, flore, eaux, sol) présente une importance particulière et qu'il convient de le soustraire à toute intervention artificielle susceptible de le dégrader.

Les budgets consacrés à la conservation de l'environnement augmentent en France d'environ 6 % par an, et ils génèrent près de 400 000 emplois.

À l'échelle de la planète, un certain nombre de gouvernements ont pris conscience de la nécessité de préserver l'environnement, et en particulier d'agir pour éviter l'aggravation des conditions climatiques. En 1992, 116 chefs d'état participent au sommet de la Terre à Rio de Janeiro, au Brésil. Ils se fixent pour objectif de stabiliser les émissions de gaz à effet de serre.

Un traité peu respecté

Signé le 11 décembre 1997, le protocole de Kyoto transforme en principe l'objectif de Rio de Janeiro en engagement précis : baisse d'au moins 5 % des émissions de gaz à effet de serre, d'ici à 2012. Les moyens sont définis : mesures d'efficacité énergétique, développement des énergies renouvelables, transfert de technologies vers les pays du Sud, marché des réductions d'émissions entre les pays signataires.

En mars 2001, le Président G. W. Bush, à peine élu, a annoncé qu'il s'opposait à la ratification du protocole, dont le vice-président Al Gore avait pourtant, précédemment, réussi à réduire la portée. L'évolution des risques et l'action des milieux scientifiques et écologiques ont depuis sérieusement modifié l'attitude américaine.

On peut changer d'avis

Al Gore, désormais dans l'opposition, est devenu un farouche défenseur de l'environnement. Il est à l'origine d'un film particulièrement catastrophiste qu'il présente partout dans le monde.

En octobre 2006, près de 300 maires américains représentant 50 millions d'habitants ont signé un accord demandant au gouvernement de ratifier le protocole de Kyoto, et s'engageant à atteindre et même dépasser ses objectifs dans leurs propres villes. Le 27 septembre 2006, le gouverneur de la Californie Arnold Schwarzenegger a signé une loi limitant les émissions de gaz à effet de serre. La Californie, l'État le plus riche des États-Unis, est aussi le plus pollueur (12e pollueur mondial).

Les objectifs et les limites de l'action politique en matière de protection de l'environnement sont actuellement en débat. Pour certains les pays riches doivent d'abord aider les pays émergents à s'équiper, en attendant des progrès technologiques applicables aux anciens pays industrialisés. Pour d'autres les gouvernements doivent intervenir fermement chez eux dès maintenant , en fixant des normes, et en appliquant des sanctions.

En France, par exemple, il n'est pas toujours facile de faire disparaître les décharges à ciel ouvert. Dans les îles du sud de la Bretagne, il faut composter ou mettre en balles les déchets en attendant leur évacuation sur le continent. En avril 2007, il a fallu un arrêté de la préfecture du Morbihan pour contraindre à supprimer les décharges à ciel ouvert dans les petites îles d'Houat et Hoëdic.

De l'espoir !

La mer d'Aral qui avait presque totalement disparu... revient. Grâce à une digue, et à une politique volontariste appuyée par la Banque mondiale, les rivières l'alimentent à nouveau, et les pêcheurs peuvent revenir y travailler. La résurrection de la mer d'Aral a été beaucoup plus rapide que prévu.

Mondialisation

C'est un terme employé par les auteurs et les journalistes francophones, alors que les Anglo-Saxons parlent plutôt de globalisation. L'un et l'autre recouvrent l'idée que toutes les régions du monde sont reliées et imbriquées, qu'il s'agisse de flux financiers ou démographiques, de production agricole ou industrielle, de relations politiques ou culturelles. Si les géographes décrivent ce phénomène, ils s'efforcent aussi de mesurer ses répercussions en particulier sur les écarts de développement et les localisations industrielles, mais aussi les modifications des flux commerciaux ou les atouts des pays et des groupes de pays.

Naissance et caractéristiques de la mondialisation

On a pu parler de mondialisation bien avant le XXe siècle. L'interdépendance existait, au moins dans tout le bassin méditerranéen et jusqu'au nord de l'Europe, dès l'Empire romain. Une mondialisation plus large se met en place à partir du XVIe siècle avec les grandes découvertes et le développement d'empires coloniaux sur tous les continents : centres (européens) et périphéries (américaines, africaines ou asiatiques) sont liés en réseaux d'interdépendance, le plus souvent au profit des centres.

Rien ne change

Au IIe siècle avant Jésus-Christ, Polybe, un historien grec, écrivait : « Avant, les événements qui se déroulaient dans le monde n'étaient pas liés. Depuis ils sont tous dépendants les uns des autres. » L'idée d'interdépendance n'est pas vraiment nouvelle !

La seconde guerre mondiale semblait avoir divisé la planète en deux blocs antagonistes, capitaliste et collectiviste, une troisième voie, celle du tiers-monde, peinant à s'affirmer. Pourtant l'abolition des frontières, physiques et surtout réglementaires, était déjà en marche. L'OCDE décrit les trois étapes successives de la mondialisation.

Se repérer en géopolitique

D'abord le développement du commerce et des flux d'exportation, c'est l'internationalisation.

Puis l'essor des flux financiers d'investissement et des implantations industrielles et financières à l'étranger : c'est la transnationalisation.

Enfin des réseaux mondiaux de production et d'information, appuyés sur les nouvelles technologies, aboutissent à la globalisation.

En effet, depuis 1945, le commerce mondial a progressé plus vite que la production de richesse, aidé par les nombreux accords de libre-échange et la création de l'OMC (Organisation mondiale du commerce) en 1995. On peut donc dire que la mondialisation est « l'extension progressive du capitalisme à l'échelle planétaire » (L. Carroué, *La Mondialisation*, Bréal, 2005).

En simplifiant à l'extrême, il est possible de réduire la mondialisation à une formule : le libéralisme, une monnaie : le dollar, la démocratie, une langue : l'anglais ou plutôt l'américain.

Peu de riches, beaucoup de pauvres

Le PIB de l'ensemble de la planète a atteint en 2005 la somme de 44 000 milliards de dollars (24 fois le PIB de la France).

Le revenu, s'il était divisé de façon égale entre tous les habitants de la planète, atteindrait presque 7 000 dollars par an et par personne.

30 millions de ménages sont millionnaires en dollars.

1,4 milliard de personnes vivent avec moins de 2 dollars par jour et 550 millions d'entre elles ont moins de 1 dollar par jour.

Dans ce monde globalisé où les places boursières sont interconnectées, l'économie financière paraît indépendante du système productif. La rentabilité financière des placements peut exiger la fermeture d'une entreprise si elle permet de rémunérer mieux et plus rapidement les actionnaires. L'unification des systèmes économiques, fortement soutenus par la Banque mondiale et le FMI, a gagné les pays en développement et les pays de l'Est.

En 1979, la Chine libéralise son agriculture et en 1984 elle ouvre au capitalisme ses premières « zones économiques spéciales ». En 1989, la chute du mur de Berlin, puis celle de l'URSS en 1991 élargissent encore l'espace régnant du libéralisme.

Les conférences internationales se multiplient et, dans le même temps, le développement des ONG oblige à considérer que, dans ce monde interdépendant, les grandes questions, environnement, santé, pauvreté, doivent être abordées, et traitées, à l'échelle mondiale.

La mondialisation se caractérise aussi par une extrême concentration : la moitié des habitants de la planète « s'entasse » sur seulement 3 % des terres émergées, et la moitié de la richesse planétaire est produite sur 1 % de ces terres. Aussi les réseaux sont devenus plus importants que les espaces territoriaux : les régions centres sont équipées de toutes sortes de réseaux, qui les mettent en relation avec d'autres centres (matières premières, énergie, télécommunications, réseaux humains et financiers) tandis que d'autres territoires sont isolés.

En ce sens, la mondialisation a probablement renforcé les inégalités : un cinquième de l'humanité produit et consomme les quatre cinquièmes des richesses mondiales.

Chez les autres, oui... chez moi, non !

La mondialisation a plutôt renforcé le rôle des États. Ils s'opposent au libre-échange chaque fois qu'il met en danger des domaines nationaux jugés essentiels : l'accès à l'énergie, la sécurité, l'emploi ou la santé. Le libéralisme est très loin de régner sur la planète et les États-Unis eux-mêmes ne l'appliquent pas toujours.

Les institutions internationales

L'ONU

Fondée en 1945, elle compte actuellement 192 États membres. Mais tous ne sont pas égaux, la Chine, les États-Unis, la France, le Royaume-Uni et la Russie sont les seuls membres permanents du Conseil de sécurité.

La Cour pénale internationale de La Haye

Fondée en 1998, c'est une instance de régulation de la mondialisation. Elle groupe 104 « États parties ». Elle ne remplace pas les systèmes judiciaires nationaux mais les complète.

Le Fonds monétaire international (FMI)

Fondé en 1945, il compte 184 États. Chaque État verse une quote-part. En 2007 l'engagement financier de ces 184 États atteint 317 milliards de dollars. Le FMI prête (en 2007) 28 milliards de dollars, que se répartissent 74 pays. L'action du FMI est appuyée par la Banque mondiale.

L'Organisation mondiale du commerce (OMC)

Fondée en 1995, elle comprend 150 états membres (2007). L'objectif est de fournir un cadre de négociation entre les pays pour discuter des règles commerciales internationales à appliquer.

Le G8

C'est le club des pays les plus riches.

D'abord G5, puis G7 en 1976, enfin G8 en 1997.

> **À savoir**
>
> États-Unis, Royaume-Uni, Allemagne, France, Japon, Italie, Canada et Russie peuvent s'appuyer sur le FMI et la Banque mondiale pour faire appliquer leurs décisions, puisqu'ils détiennent, ensemble, la majorité du capital de ces deux institutions.

La mondialisation, ni bonne ni mauvaise

Les délocalisations sont perçues, à juste titre, comme une conséquence de la mondialisation. Elles ont d'abord concerné des sites de production, dans les années 1960-1970, puis certains sièges sociaux et administratifs, dans les années 1980. Les délocalisations de services ont débuté dans les années 1990, suivies après 2000 par des services de recherche et développement (RD). En dix ans (1994-2004), on est passé dans le monde de 0 à 700 centres de RD délocalisés en Chine, l'Inde en accueillant 100. Beaucoup de multinationales prévoient ce type de délocalisation.

La médaille n'a pas que des revers !

Seuls 2 à 3 % de la population des pays riches sont soumis à la concurrence des pays pauvres. En France 90 000 emplois industriels auraient été délocalisés entre 1995 et 2001. Pendant la même période 150 000 emplois, au moins, ont été créés grâce à l'augmentation des échanges commerciaux.

Il est vrai que les pays riches importent de plus en plus de produits fabriqués dans les pays en voie de développement. Ces produits représentaient 15 % des importations des pays riches en 1970. En 2007 ils atteignent 40 % et pourraient dépasser 65 % en 2030.

Ces importations, si elles font courir des risques à l'emploi dans les pays riches, permettent aussi aux consommateurs d'acheter moins cher.

Dans le même temps, les salaires augmentent dans les pays en voie de développement, ouvrant des perspectives commerciales aux pays riches : le salaire moyen chinois a été multiplié par trois depuis 2000.

Certains économistes pensent que la mondialisation a aggravé les inégalités sociales, qu'elles soient internes ou séparent des pays. Pour eux, « les inégalités mondiales » auraient augmenté depuis 1980, la lutte pour le partage des revenus entre les travailleurs et les détenteurs de capitaux est devenue plus rude.

D'autres experts soulignent que la mondialisation n'a modifié en rien les inégalités internes, par exemple en France où les écarts entre catégories sociales ne sont pas réduits. Les inégalités internationales sont, d'après eux, demeurées inchangées.

D'une façon générale, il semble que les gagnants de la mondialisation soient les pays riches et les pays émergents, comme la Chine, Taiwan, la Corée du Sud ou la Slovénie. À l'inverse, les pays sous-développés, et en particulier ceux qui sont surendettés, ont été exclus de la mondialisation, et les inégalités se sont accrues entre les pays émergents et surtout entre les régions de ces pays. Au Brésil, le Sudeste est brillant et intégré à l'espace mondial, tandis que le Nordeste reste sous-développé. On trouve les mêmes écarts entre la zone côtière et les régions intérieures de la Chine, ou entre le nord et le sud du Mexique.

Risques

Les géographes sont souvent associés à d'autres scientifiques pour la prévision comme pour la prévention des risques, qu'ils soient naturels, ou générés par les activités humaines. Dans la mesure où ils observent, décrivent, et expliquent le monde comme un système d'interdépendance, les géographes sont parmi les premiers à découvrir et à cartographier les régions à risques. Ils peuvent proposer des solutions globales en utilisant leur connaissance de la géographie physique, mais aussi de l'économie et de la sociologie.

Les risques industriels

Les dangers de l'industrie chimique sont bien connus. La catastrophe de Bhopal, en Inde, le 3 décembre 1984, a tué des milliers de personnes et à l'heure actuelle le site n'est pas encore nettoyé, c'est un espace inhabitable depuis plus de vingt ans. En 2001, l'explosion de l'usine AZF de Toulouse a fait plus de 30 victimes. Elle a heureusement épargné une usine proche, produisant du phosgène (un des éléments chimiques responsables de la catastrophe de Bhopal). La concentration de la production industrielle entre les mains de quelques multinationales géantes, et la dispersion mondiale des produits peuvent avoir des conséquences dramatiques : un objet ou un médicament dangereux peuvent être distribués à un nombre quasi incalculable de personnes. La réglementation a beaucoup de mal à anticiper ces risques. C'est après l'explosion de l'usine AZF que la Commission européenne a imposé une directive Seveso III pour abaisser les seuils tolérables de matières dangereuses stockées dans les usines.

Les secteurs miniers et pétroliers génèrent de multiples pollutions, souvent à l'origine de risques pour la nature comme pour les êtres humains. L'orpaillage rejette du mercure, très dangereux pour la santé, dans l'air, dans le sol et dans les rivières de Guyane.

Les chantiers de démantèlement de navires, pour la plupart situés dans des pays en voie de développement, polluent de façon durable des sites comme celui d'Alang en Inde, et compromettent la santé des ouvriers qui manipulent sans précaution huiles, métaux lourds et amiante.

Le problème des déchets dangereux a été mis en lumière par l'affaire des déchets toxiques, déversés sans précaution dans la banlieue d'Abidjan, en août et septembre 2006. Il s'agissait essentiellement de résidus de nettoyage de pétroliers, considérés comme déchets maritimes et de ce fait non soumis à la Convention de Bâle (1992) qui exige un traitement contrôlé, et le plus proche possible du lieu de production de ces déchets.

Comment le pétrole retourne à la mer

Chaque année, 600 000 tonnes de pétrole se retrouvent dans la mer : 30 % viennent des installations pétrolières, 60 % des fuites et dégazages des bateaux, 10 % des marées noires dues à des naufrages.

Depuis 1978, la convention Marpol interdit aux navires de se débarrasser en mer de leurs déchets, qui doivent être traités dans des ports équipés. Dans la pratique, ces déchets, environ 110 millions de tonnes par an, se retrouvent souvent en Afrique ou dans les anciennes républiques soviétiques. La mondialisation des échanges a logiquement entraîné une mondialisation du trafic des déchets dangereux, qu'il est pour le moment difficile de contrôler.

Les fleuves sont aussi largement atteints par la pollution industrielle. Le Yangzi, immense cours d'eau du sud de la Chine, reçoit 25 milliards de tonnes d'eaux souillées, industrielles et urbaines. Le Gange, fleuve sacré de l'Inde, sert de déversoir aux tanneries, sucreries, usines de transformation des métaux, si bien que 30 % des espèces aquatiques qui y vivaient ont disparu.

La multiplication d'installations nucléaires pose le problème de leur sécurité. Il faudrait, par exemple, éviter qu'elles soient construites en bord de mer dans les régions où il y a des risques de tsunami : une centrale indienne a dû être arrêtée en catastrophe lors du tsunami de décembre 2004. Ajouter risques sismiques et risques nucléaires est déconseillé surtout si la

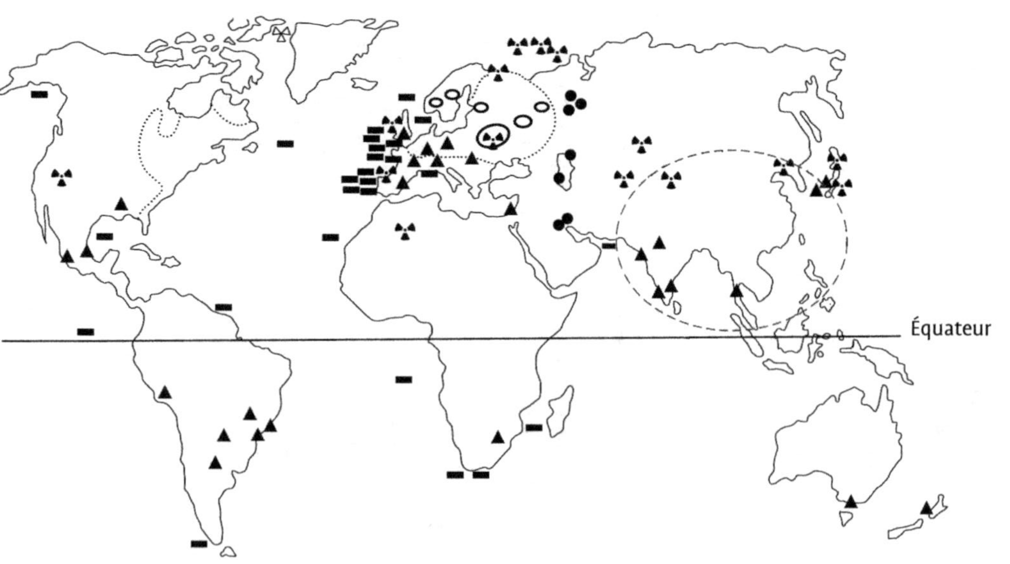

- ■ Marée noire
- ● Pollution pétrolière terrestre
- ▲ Pollutions chimiques
- ☢ Stockage, immersion de déchets nucléaires et zone de forte contamination après Tchernobyl
- ⌒ Régions qui ont souffert de pluies acides
- ⌒ Nuage brun asiatique (d'avril à octobre), oxyde de carbone et d'azote, ozone, aérosols soufrés, suies.

Les accidents industriels

surveillance de la construction et de la maintenance est insuffisante comme c'était sans doute le cas lorsque 17 réacteurs ont dû être arrêtés au Japon en avril 2003.

L'explosion de Tchernobyl en 1986 a contaminé et rendu inutilisables et dangereux pour de nombreuses années des espaces importants dans toute l'Europe.

Des moyens existent pour limiter au minimum les risques industriels quels qu'ils soient. Leur bonne gestion implique une connaissance précise des conditions naturelles : courants marins, risques sismiques, direction habituelle des vents, etc.

À savoir

Il y a aussi des risques générés par l'agriculture (pollution par les engrais et les pesticides) et par l'élevage. Des épidémies comme celle de la « vache folle », ou de la « grippe aviaire », posent des problèmes de santé publique, mais modifient aussi, souvent pour plusieurs années, les pratiques agricoles et l'utilisation des territoires.

Une expression à la mode

L'expression « principe de précaution » a été consacrée à l'occasion de la Conférence de Rio en 1992. En France, une loi de février 1995 précise que « l'absence de certitudes, compte tenu des connaissances scientifiques et techniques du moment, ne doit pas retarder l'adoption de mesures effectives et proportionnées visant à prévenir un risque de dommages graves et irréversibles à l'environnement à un coût économiquement accessible ».

Guerres et conflits

Ils ont des conséquences considérables sur l'économie des pays concernés et génèrent souvent des flux migratoires.

Dans une période récente, ils ont souvent abouti à la multiplication de micro-États dont la difficile survie exige parfois l'intervention de l'ONU.

La seule disparition de l'URSS, outre la naissance, ou la renaissance, de plusieurs États (Estonie, Lettonie, Lituanie, Biélorussie, Ukraine, Moldavie, Géorgie, Arménie, Azerbaïdjan), a réveillé des nationalismes qui revendiquent l'indépendance de petits territoires. La Transnistrie veut se séparer de la Moldavie. Abkhazes et Ossètes du Sud ne veulent plus appartenir à la Géorgie. Le Haut-Karabagh se détache de l'Azerbaïdjan. La Tchétchénie est en rébellion contre le pouvoir russe.

L'ancienne Yougoslavie s'est divisée : Slovénie, Croatie, Bosnie-Herzégovine, Serbie et Monténégro sont désormais des États indépendants. Mais le Kosovo demande à son tour indépendance ou rattachement à l'Albanie, alors que la minorité serbe les refuse. Les Albanais de Macédoine ont les mêmes demandes que les Kosovars.

Il ne s'agit pas de simples remises en cause cartographiques, mais de bouleversements dont le géographe doit suivre les conséquences complexes.

Au Darfour (ouest du Soudan) ou en Somalie, les conflits amènent des déplacements de populations incontrôlés, et le chaos s'installe. Au seul Darfour, à la fin de l'année 2006, il y avait déjà eu au moins 300 000 morts et 2,5 millions de personnes déplacées.

Disettes, famines, pénurie d'eau

Malnutrition

La malnutrition affecte plus de 800 millions de personnes dans le monde. Si les conflits sont parfois à l'origine de ces difficultés, l'Organisation mondiale du commerce (OMC) y contribue également. Le modèle agricole des pays riches, agriculture industrielle tournée vers l'exportation et liée aux grandes firmes agroalimentaires, ne peut pas s'appliquer aux pays en développement. Il contribue, au contraire, à affaiblir les agricultures des pays du Sud si elles ne sont pas protégées par des barrières douanières.

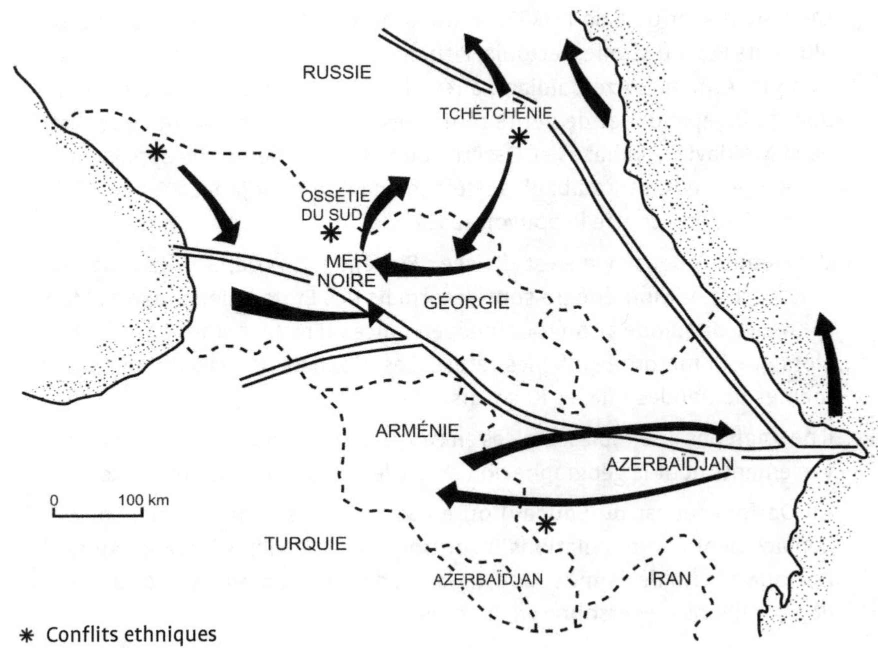

* Conflits ethniques
Déplacements de populations
Oléoduc traversant des zones à risques

Nouvelles frontières et déplacements de populations dans le Caucase

L'enfer est pavé de bonnes intentions

La Mongolie est un grand pays d'élevage, mais elle importe l'équivalent de 21 millions de litres de produits laitiers par an. Les importations de fromage de type européen ont été multipliées par 8 entre 2003 et 2005. Le gouda européen, importé, coûte 5 à 7 € le kg… moins cher que dans un supermarché en Europe à cause des subventions aux exportations de la Politique agricole commune. Les éleveurs mongols ne peuvent lutter contre cette concurrence sans aide et protection de leur marché.

Pénurie d'eau

La pénurie d'eau, en particulier d'eau potable, atteint 17 % de l'humanité, plus d'un milliard de personnes n'ont pas accès à l'eau potable et 2,6 milliards sont privés d'installations d'assainissement de base. De ce fait près de 2 millions d'enfants meurent d'infections dues à l'eau, tandis que des milliers de femmes passent plusieurs heures par jour à aller chercher de l'eau.

Le Programme des Nations unies pour le développement (PNUD) a demandé aux États de placer l'eau et l'assainissement en tête de leurs priorités.

On se fait la guerre pour un peu d'eau

90 % de la population mondiale vit dans 145 pays qui partagent leurs ressources en eau avec un ou plusieurs autres pays. Depuis 50 ans il y a eu 37 conflits liés au problème des ressources en eau. Mais il y a eu aussi 200 traités qui ont permis d'organiser une gestion de l'eau entre États.

La misère

La grande misère et le désir de trouver ailleurs une vie meilleure sont la première cause d'immigration, qu'elle soit officielle ou clandestine.

Le travail des enfants

Un des premiers signes de cette misère est le nombre d'enfants mis au travail : le salaire d'un enfant peut être nécessaire à sa famille, ou même indispensable si l'enfant est seul. D'après l'ONU, 352 millions d'enfants, de 5 à 17 ans, travaillaient dans le monde en 2005, dont 60 % en Asie et 37 % dans le reste des pays en voie de développement. La plupart du temps, ils font de petits métiers précaires, souvent insalubres, parfois dégradants (prostitution). Près de la moitié d'entre eux sont totalement privés d'éducation. Il n'y a pas de solutions simples à ce problème. Lorsque des pressions extérieures, généreuses dans leurs intentions, ont abouti au licenciement de plusieurs dizaines de milliers d'enfants, au Bangladesh, ils se sont retrouvés dans la rue sans aucune ressource. L'Organisation internationale du travail (OIT) propose que la construction d'écoles, la formation des maîtres et la présence scolaire obligatoire, soient accompagnées d'une allocation aux parents pour compenser la perte du salaire de l'enfant. Une expérience positive a été menée, en ce sens, au Brésil. Les « codes de conduite » plus ou moins respectés par les entreprises, ou les États, ne seront efficaces qu'à ce prix.

Immigration clandestine

Les migrations de la misère ne sont pas un phénomène récent, mais les flux de migrants se sont multipliés avec la mondialisation et les politiques « d'ajustement structurel » imposées à certains pays en voie de développement. Le commerce illégal de main-d'œuvre s'est beaucoup développé à partir des années 1990, géré par des trafiquants qui ont élargi leur domaine en profitant de la désintégration de l'URSS.

Une porte à peine entrebâillée !

D'abord largement ouverte, la Grande-Bretagne a décidé d'une politique très restrictive, qui entrera en vigueur en 2008. Les travailleurs hautement qualifiés seront accueillis prioritairement. Les « moyennement » qualifiés seront triés, et les non-qualifiés dissuadés fortement. Depuis 2004, les migrants venus des nouveaux pays de l'Union européenne ont accès libre officiellement au marché du travail. En deux ans, ce sont 300 000 de ces nouveaux Européens qui sont entrés officiellement au Royaume-Uni, dont 180 000 Polonais. Ils ont assumé les travaux naguère confiés à des immigrants clandestins venus de plus loin, et qui pourraient être 500 000.

Il est, par définition, très difficile de donner des chiffres concernant l'immigration clandestine dont l'ampleur est révélée lorsqu'il y a régularisation en masse, comme ce fut le cas aux États-Unis et plus récemment en Espagne, où 700 000 étrangers ont été régularisés en 2005.

Les politiques fluctuent en fonction des besoins en main-d'œuvre. La baisse démographique de l'Europe pourrait inciter à ouvrir plus largement les frontières, probablement de façon sélective.

Il est très difficile de s'entendre, en Europe et dans le reste du monde, sur une politique commune vis-à-vis de l'immigration.

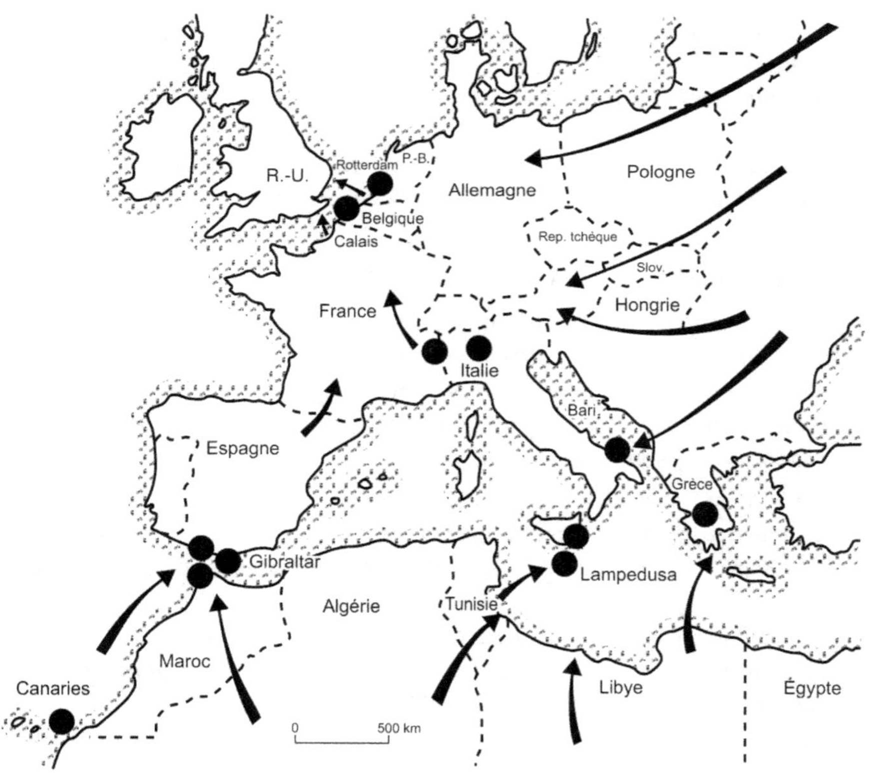

Les portes de l'immigration clandestine en Europe

Droit d'asile

Le droit d'asile pose également problème. La Commission européenne espère arriver à une harmonisation en 2010. En 2005, sur 1 000 demandes de droit d'asile, le Royaume-Uni en a accepté 12, l'Allemagne 5, la Belgique 23, la Lituanie 18, la Pologne 3, etc.

En France 8 demandes sur 100 ont été acceptées à la même date. Les pays d'origine de ces demandeurs d'asile étaient, en ordre décroissant : Turquie, Haïti, République démocratique du Congo, Sri Lanka, Russie, Arménie, Chine, Algérie, Côte d'Ivoire, etc.

L'immigration clandestine est à l'origine de drames humanitaires, à la frontière du Mexique et des États-Unis, ou aux portes d'entrée, maritimes ou terrestres, de l'Union européenne. Entre 1993 et 2003 4 000 hommes, femmes et enfants ont trouvé la mort en essayant d'entrer en Europe. Dans les premiers mois de 2006, 14 clandestins sont morts à Melilla, ville où il y a eu 55 000 tentatives d'entrées illégales en 2004 et 12 000 en 2005.

Le réchauffement climatique

Prévu il y a 20 ans, il semble entrer dans la réalité et les modèles d'évolution, qui portent sur les circulations atmosphériques à grande échelle, sont probablement crédibles. Les prévisions météorologiques sur un temps court, et pour un espace réduit, sont plus difficiles car les « effets chaotiques » y sont prépondérants.

On a constaté un changement climatique que les variations de l'ensoleillement ne suffisent pas à expliquer. L'activité humaine exerce plus d'influence que les modifications d'orbite constatées. Depuis plusieurs siècles, les gaz à effet de serre produits par l'activité humaine ont augmenté, mais 70 % de cette augmentation datent d'après 1950. Le réchauffement peut faire monter les océans de quelques dizaines de centimètres d'ici à 100 ans, plus par dilatation thermique que par la fonte des calottes glaciaires. En effet, on a mesuré l'épaisseur de la glace au Groenland : elle a fondu sur les bords, mais s'est épaissie au centre. Dans l'Antarctique, la partie ouest de la glace diminue tandis que la partie est augmente.

Les mécanismes, comme les conséquences, de ces modifications climatiques sont difficiles à déterminer et suscitent des batailles d'experts.

À feu doux…

Les gaz à effet de serre d'origine humaine réchauffent la surface de la Terre d'environ 2 watts au m², comme si, sur chaque m² de la planète, on allumait deux ampoules de 1 watt chacune. Mais les océans absorbent une grande partie de ce réchauffement.

Quoi qu'il en soit, États et populations doivent se mobiliser pour anticiper une évolution qui semble inéluctable, même si elle est en partie d'origine naturelle. La « convalescence » de la couche d'ozone qui retrouvera son intégralité vers 2050 montre bien qu'une politique globale peut être efficace : les gaz destructeurs d'ozone ont été interdits depuis 1985 et les progrès, même s'ils sont lents, sont certains.

D'après le GIEC (Groupe intergouvernemental d'experts sur l'évolution du climat) le réchauffement climatique risque de renforcer les inégalités sur la planète. L'Afrique devrait connaître davantage de sécheresses, l'Asie plus de cyclones (mais certains scientifiques ne sont pas d'accord avec cette hypothèse), l'Europe et l'Amérique du Nord plus d'inondations. Des millions de personnes devraient être déplacés à cause de la montée des eaux océaniques.

Le vignoble s'adapte

En mars 2007, un colloque « Réchauffement climatique : quels impacts probables sur les vignobles ? » s'est tenu à Dijon. Un expert a estimé que, depuis 1950, la bande géographique favorable à la vigne s'est déplacée vers le nord de 80 à 240 km selon les régions. Pour le moment les vignerons se réjouissent plutôt, car les rendements et la qualité se sont accrus, mais ils doivent songer à prospecter de nouvelles terres. Les techniques culturales et œnologiques actuelles devraient permettre de s'adapter facilement. C'est déjà le cas en Angleterre où la viticulture est en pleine expansion.

Quelles solutions ?

Il y a de multiples façons de stabiliser, ou de diminuer, les émissions de carbone : modifier les pratiques agricoles, utiliser des sources d'énergie renouvelables ou inépuisables, capter et stocker le carbone, améliorer le rendement des centrales électriques à charbon ou les remplacer, pour certaines, par des centrales à gaz, maîtriser les consommations domestiques d'électricité et de carburants.

Une politique mondiale peut donc permettre d'anticiper et de prévenir les possibles effets négatifs du réchauffement climatique. Géographes et économistes rappellent cependant que si l'on demande aux pays en voie de développement de lutter aussi, il faut que cela ne nuise pas à leur approvisionnement en eau et en nourriture, et qu'ils puissent en tirer bénéfice.

Villes économes, villes dépensières

Dans les grandes villes américaines, peu denses, qui étalent des banlieues sur d'immenses espaces, chaque habitant consomme 5 à 7 fois plus de carburant que dans les métropoles d'Europe ou d'Asie. À Paris, où la densité est forte, la consommation de carburant est de 0,2 TEP, tandis qu'à Houston, beaucoup plus étendue et moins dense, cette consommation atteint 2 TEP par habitant (TEP : tonne équivalent pétrole).

Des géographes et des historiens s'élèvent contre une dramatisation qui ne s'appuie pas toujours sur des certitudes scientifiques. Ils rappellent que le phénomène d'El Niño, au centre des préoccupations il y a quelques années, a cessé d'intéresser lorsqu'on s'est rendu compte que les modèles mathématiques de prévision ne marchaient pas. Contrairement aux hypothèses, les « anomalies chaudes » du Pacifique n'ont pas augmenté en 2006, sans que l'on sache pourquoi. En somme, on passe très vite de la dramatisation médiatique à la banalisation, ce qui n'est probablement pas le meilleur moyen de répondre aux nombreuses incertitudes scientifiques, surtout lorsqu'il s'agit de l'extrême complexité climatique. Les

« catastrophes » climatiques ne le sont souvent que par la faute des hommes, ce qui fut par exemple le cas lors de l'ouragan Katrina, qui toucha un site mal protégé, des habitations et des installations industrielles conçues sans tenir compte des risques climatiques.

Quant aux paléoclimatologues, ils rappellent qu'il y a eu des refroidissements et des réchauffements climatiques très rapides, sans qu'on puisse trouver une explication. Il y a 8 200 ans, dans l'Atlantique-Nord la température a baissé de 4° C en quelques dizaines d'années. Le climat peut donc, dans une région ou l'autre du monde, « basculer » de manière tout à fait naturelle. Les réflexions sur le réchauffement actuel devraient permettre de s'y préparer, que les hommes en soient ou non responsables.

Urbanisation

Depuis les années 1950, dans le monde entier, les populations ont tendance à venir s'installer dans les villes, ou dans les zones urbaines. Ce phénomène d'urbanisation accéléré touche aussi bien les pays en voie de développement que les pays riches. Il a des origines diverses, et il est encore difficile de mesurer ses effets sur l'économie comme sur l'environnement.

Un monde urbanisé

En 1800, 2 % de la population mondiale vivait dans des villes. En 2003, il y avait 50 % d'urbains et les experts prévoient qu'on atteindra 61 % en 2030.

	1950	1996
Europe	65,9 %	73 %
Amérique du Nord	63,9 %	76 %
Amérique latine	41 %	74 %
Afrique	14,8 %	34 %
Asie	17 %	34 %

Pourcentage des urbains

La rapidité de croissance et le niveau actuel de l'urbanisation varient d'un continent à l'autre. Si les pays latino-américains sont actuellement les plus urbanisés, c'est probablement l'Asie du Sud et de l'Est qui aura pendant les trente prochaines années le plus fort taux de croissance. D'autre part les mégacités, ou mégalopoles, sont de plus en plus nombreuses, mais les plus grosses d'entre elles ne voient plus leur population augmenter.

En 2005, dans le monde, 173 unités urbaines (communes ou ensembles de communes) comptaient plus de 2 millions d'habitants, dont 76 en Asie. Cinq d'entre elles avaient plus de 20 millions d'habitants : Tokyo

(31 millions), New York (28 millions), Séoul (22,5 millions), Mexico (21 millions), Jakarta (20 millions). Paris n'est qu'au 25e rang mondial avec 10 millions d'habitants pour l'ensemble de la mégalopole.

En Europe, où dominent les unités urbaines de dimensions petites ou moyennes (5 000 d'entre elles ont plus de 10 000 habitants), les villes-centres avaient dans les dernières années du XXe siècle perdu des habitants au profit de leur couronne périurbaine. Mais un mouvement inverse est en train de se produire. Londres, Copenhague, Amsterdam, Stockholm, Paris, Lyon regagnent des habitants. À l'inverse, les villes méditerranéennes comme Milan, Turin, Barcelone, Madrid ou Athènes voient une partie de leurs habitants les quitter.

Quand une ville rencontre une ville

Une conurbation est une agglomération formée par plusieurs centres urbains reliés par leurs banlieues. Elles sont fréquentes en Europe, dans le Nord-Pas-de-Calais, la Ruhr en Allemagne, le Lancashire au Royaume-Uni, la plaine du Pô en Italie.

Parmi les 20 plus grandes unités urbaines du monde, 12 sont en Asie dont 3 en Inde (Delhi, Bombay, Calcutta) et 3 en Chine (Hong Kong, Shanghai, Tianjin).

Tous les continents possèdent de grandes mégalopoles, comme New York aux États-Unis, Mexico, São Paulo, Rio de Janeiro, Santiago du Chili, etc. en Amérique. Lagos (Nigeria), Kinshasa (République démocratique du Congo), Johannesburg (Afrique du Sud), Le Caire, etc. en Afrique. Moscou, Essen, Paris, Madrid, Bruxelles, Barcelone, etc. en Europe.

La multiplication des mégacités est remarquable. En 1975 il y avait 4 villes de plus de 10 millions d'habitants (Tokyo, New York, Osaka et Essen). Il y en aura 24 en 2015.

Certains experts avancent le chiffre de 33 mégalopoles en 2015 32 appartiendraient aux pays les moins développés (dont 19 en Asie). Seule Tokyo, pour les pays développés, figurerait sur cette liste.

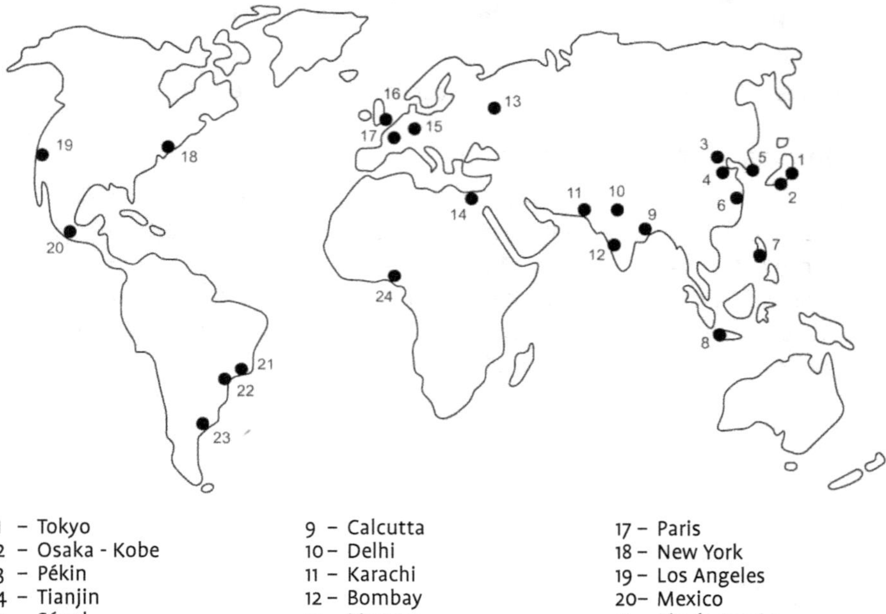

1 – Tokyo	9 – Calcutta	17 – Paris
2 – Osaka - Kobe	10 – Delhi	18 – New York
3 – Pékin	11 – Karachi	19 – Los Angeles
4 – Tianjin	12 – Bombay	20– Mexico
5 – Séoul	13 – Moscou	21 – Rio de Janeiro
6 – Shanghai	14 – Le Caire	22– São Paulo
7 – Manille	15 – Essen	23– Buenos Aires
8 – Jakarta	16 – Londres	24– Lagos

Quelques mégalopoles

On risque alors, à l'échelle du monde, de voir se développer un processus de désolidarisation urbaine, avec des centres « riches », des zones périurbaines multipolaires et des échanges périphérie / périphérie plus importants que les relations avec le centre. Enfin des zones réservées où une population perçue comme « dangereuse » serait reléguée. Ce modèle est très différent de la culture urbaine européenne, mais c'est un des risques de la mondialisation urbaine.

Les problèmes posés par l'urbanisation

Les villes concentrent l'essentiel des activités économiques, mais aussi toutes les difficultés économiques, sociales et environnementales.

Un espace urbain envahissant

Partout la ville avance, grignotant les espaces ruraux pour y installer l'habitat, mais aussi les infrastructures nécessaires à la vie urbaine. En France entre 1992 et 2003, les surfaces ainsi artificialisées ont augmenté de 16 %. Dans les pays en voie de développement, l'expansion urbaine est souvent anarchique et les bidonvilles s'étendent de manière incontrôlée, tandis que les zones rurales se désertifient.

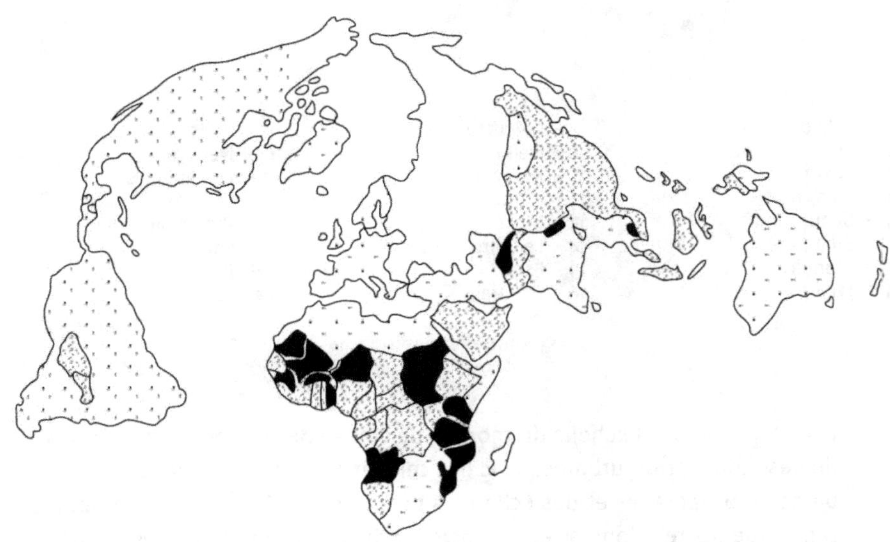

Augmentation de plus de 7 % de la population urbaine

Augmentation de 5 à 7 %

Augmentation de 0 à 5 %

Pas d'augmentation ou une diminution jusqu'à 2 %

L'urbanisation de 1990 à 2005

La lutte contre l'étalement urbain est donc partout difficile. Autour des mégalopoles, en Europe ou en Amérique du Nord, les zones rurales sont peu à peu « rurbanisées », ce qui engendre de nombreuses difficultés : dégradation des paysages, pollution des écosystèmes, risques d'inondation accrus par l'artificialisation des sols. En absence de tout contrôle, dans les pays pauvres, des constructions provisoires et fragiles s'installent sur des pentes, comme à Rio de Janeiro ou Caracas, ou des zones inondables. Un accident météorologique peut alors se transformer en catastrophe.

> **Plusieurs noms pour le même problème**
>
> Il y a partout dans le monde des bidonvilles. Chaque pays leur a donné un nom : *favelas* (Brésil), *barriadas* (Pérou), *barracas* (Mexique), *ciudades esperdidas* dans d'autres pays d'Amérique latine, *djebel* au Maghreb, *slums*, *bustees* en Inde.

Villes nouvelles

Depuis le dernier quart du XXe siècle, les gouvernements ont cherché à résoudre les multiples problèmes posés par une inéluctable urbanisation du monde. L'une des solutions proposées était la création de villes nouvelles, à la périphérie des mégalopoles. En France, en 1968 la construction de neuf villes nouvelles a été lancée, dont cinq en Île-de-France : Cergy-Pontoise, Marne-la-Vallée, Évry, Melun-Sénart et Saint-Quentin-en-Yvelines. Quarante ans après, le bilan n'est pas totalement positif, le développement économique est insuffisant, les constructions ont vieilli, l'urbanisme est inadapté aux nouvelles demandes des habitants, qui souhaitent davantage de maisons individuelles, et l'Île-de-France connaît toujours un fort déficit de logements.

En février 2007 le conseil régional d'Île-de-France a adopté un nouveau schéma directeur. Il fixe un objectif de 60 000 logements neufs par an contre 35 000 actuellement. Pour lutter contre l'expansion « sauvage » et le mitage urbain le schéma propose une ville « dense et compacte » : deux tiers des habitats neufs doivent être construits dans des espaces déjà urbanisés, en particulier dans un « cœur d'agglomération » délimité par une autoroute déjà existante, l'A 86.

Se repérer en géopolitique

Il y a souvent une contradiction entre la nécessité d'étendre une ville, et l'obligation de tenir compte de ses limites administratives, ou des impératifs écologiques.

Une « petite » capitale

Le territoire de Paris équivaut à un huitième de celui de Berlin, un quinzième de celui de Londres. Pour récupérer des surfaces constructibles la municipalité s'est engagée dans un programme de couverture de boulevards périphériques. Sur la dalle on installera des résidences et des équipements culturels.

Le vieillissement des villes

Outre la nécessité d'entretenir et de rénover le parc immobilier, les villes les plus anciennes sont souvent confrontées aux problèmes d'espaces urbains abandonnés par une industrie, ou à une perte de population. Les villes américaines ont ainsi des quartiers entiers voués à une destruction progressive par la négligence, le désintérêt des municipalités et le vandalisme. C'est parfois le cas de centres-villes que leurs habitants aisés ont désertés pour des maisons individuelles dans des banlieues plus ou moins lointaines.

Une usine devient un quartier urbain

À Corbeil-Essonnes, une grande papeterie a fermé ses portes en 1996. La ville s'est retrouvée propriétaire d'un site fermé, squatté et vandalisé. Finalement les bâtiments les plus délabrés seront détruits, d'autres seront conservés pour des usages collectifs et 800 logements construits.

Dans le Nord, sur les friches industrielles, restes d'usines disparues, on a installé des espaces verts qui doivent servir de poumon vert à la ville de Lille reliée à Lens par un parc le long de la Deûle. Son eau polluée et asphyxiée a été nettoyée et oxygénée : on y trouve désormais des plantes et des poissons.

Le problème des transports

Il est d'autant plus aigu que les mouvements pendulaires sont fréquents du lieu de travail au centre-ville (ou une autre partie de la couronne urbaine) depuis les banlieues de plus en plus lointaines. La pollution de l'atmosphère des villes est pour une grande part due aux transports automobiles. Les municipalités s'efforcent de dissuader les automobilistes, par exemple en instaurant, comme à Londres, un péage d'accès au centre. Elles essaient aussi de proposer des transports en commun, et de favoriser le transport individuel non polluant (parc de vélos en location). La part de la voiture reste pourtant très importante. Sur l'ensemble des transports mécanisés, sa part est de plus de 85 % à Clermont-Ferrand, entre 80 et 85 % à Toulouse ou Montpellier, de 75 % à Grenoble et de 65 % à Paris (avant la construction du tramway), deux villes déjà relativement bien équipées en transports en commun.

L'approvisionnement des villes

Il nécessite une logistique complexe et représente des coûts considérables. Le problème le plus difficile à résoudre est souvent celui de l'approvisionnement en eau. La nappe phréatique profonde sous la ville elle-même s'avère rapidement insuffisante. Il faut alors installer des puits à des distances de plus en plus grandes de la ville, ce qui implique des frais élevés. La nappe phréatique est souvent contaminée par des eaux usées domestiques ou industrielles. Or la décontamination naturelle est lente et les infrastructures d'assainissement sont parfois obsolètes. Dans les villes des pays en voie de développement, elles sont quelquefois absentes et les risques sanitaires sont particulièrement élevés.

Les villes produisent aussi des déchets : les déchets « municipaux », dans les 24 pays les plus industrialisés, ont atteint en 2001 l'équivalent des déchets produits par les mines, 650 millions de tonnes. Les systèmes d'élimination de ces déchets ne sont pas encore totalement au point.

Quant à la pollution de l'atmosphère urbaine, elle atteint un degré inquiétant dans la plupart des mégalopoles, particulièrement en Chine.

Index

Index